\ AIと、目指せプロ級！ /

ChatGPT
で
身につける
Python

掌田津耶乃 ［著］

JN070337

マイナビ

はじめに

プログラミングはAIで学ぶ時代！

　ChatGPTは、ほんの1年ほどの間に私たちの生活を大きく変えました。AIは、それまで時間や労力のかかった作業をほんの十数秒で解決してくれます。長いドキュメントを要約してくれたり、難解な情報をわかりやすく説明してくれたり。ときには間違えることもありますが、AIは確実に私たちの暮らしをより快適なものにしてくれています。

　こうしたAI活用の中でも、「これは絶対に使うべき！」と強烈にプッシュしたいのが「プログラミングの学習」です。

　プログラミングは、今や「学ぶべき必須項目」となっています。本格的な開発だけでなく、日常の業務や学習・研究のデータ処理など、さまざまなところで「それ、手作業じゃなくてプログラムを書いたほうが圧倒的に簡単じゃない？」というシーンがたくさんあります。ちょっとした処理をささっとプログラムで組んで実行する、それができたら……そう思ってプログラミングの学習を始める人は多いことでしょう。

　けれどプログラミングを学ぶのはとても大変です。理解が難しい概念、書き方がわからないコード、正しいのかどうか判断できない自作のプログラム。それらに埋もれて「誰か、もっとわかるように教えて！」と頭を抱えたことのある人。あるじゃないですか、便利なものが。そう、「AI」ですよ。

　「プログラミング」というのは、実はAIが最も得意とする分野なのです。プログラミング言語によるコードの生成からその内容の説明まで、AIはあなたの学習に合わせてすべて教えてくれます。プログラミングを学ぶのに、AIを活用しないなんてもったいない！

　そこで、「AIと一緒に、二人三脚でプログラミングを学ぶ」ということを考えた入門書を用意しました。本書では、AIに協力を仰ぎながらPythonというプログラミング言語について学んでいきます。簡単なプロンプトで思ったような説明を受け取る方法、AIをどう活用すれば効率的に学んでいけるかなど、AI活用の方法も説明しながら学習を進めていきます。

　Pythonを学ぶとともに、「AIは、こうやって使っていけばいいんだ」というAIとの向き合い方も、ぜひ本書で身につけましょう。

2024.04　掌田津耶乃

Contents

Chapter 1 ChatGPTでPythonを
学ぶってどういうこと? 001

- **01** 生成AIとChatGPT 002
  - プログラミング学習とAI 003
- **02** どうやって学ぶの? 004
  - AIを活用した学び方 004
- **03** Pythonはどんな言語? 006
  - Pythonを学ぶための準備は? 007
  - COLUMN 実は、ChatGPTすら不要? 008

Chapter 2 ChatGPTでPythonを
学ぶ準備をしよう 009

- **01** ChatGPTを使う方法 010
  - まずはChatGPTから! 011
- **02** ChatGPTにアカウント登録する 012
  - 「Create your account」画面 012
  - Googleアカウントを選択する 013
  - COLUMN 「ChatGPTは現在、最大容量です」 014
- **03** ChatGPTを試そう 015
  - プロンプトを送信する 015
  - 「テキスト」ではなく「意味」を考えよう 016
- **04** Google Colaboratoryを使おう 018
  - Pythonは「計算する」ためのもの 018
  - Colabはクラウド上で動く 018
  - Colaboratoryにアクセスしよう 019
- **05** Colaboratoryの基本を覚えよう 021
  - アイコンバーとサイドパネル 021
  - ファイルブラウザについて 021
- **06** セルを利用しよう 023
  - セルでコードを実行しよう 024
  - ランタイムは自動接続される 024
  - ノートブックの保存 025
  - ランタイムの切断と再接続 026

	Pythonのバージョンを変更したい	027
07	Colab AIについて	029
	利用を開始する	029
	Colab AIをOFFにするには?	030
	COLUMN Colab AIが使えない!	031
	Colab AIチャットパネル	031
	セルのコード生成機能	033
	Colab AIか、ChatGPTか?	034
	Colabで頑張るか、それ以外の環境か	035
08	ローカル環境でPythonを使いたい!	036
	Pythonのインストール	036
	特定のバージョンをインストールしたい	038
09	Pythonのコードを実行する	039
	IDLEでコードを実行する	039
	ファイルを作成してコードを書く	040
	Pythonコマンドで実行する	042

Chapter **3** Pythonに触れてみよう 043

01	Pythonについて聞いてみよう	044
02	プロンプトのコツは?	046
	わかりやすい応答を得るためのキーフレーズ	047
	AIはいつまで覚えている?	048
03	値を覚えよう	050
	値って何?	050
	どんな値があるの?	051
	COLUMN 「```」はコードを示すMarkdownの記号	052
	値の基本は4種類!	053
	「int」とか「str」って何?	054
04	変数を使おう	055
	変数は「値の入れ物」	056
	変数名はどうつける?	057
05	計算をさせてみよう	058
	printについて	059
	#記号とコメント	060
	使える演算記号は?	060
	もう1つの割り算	062
06	ユーザーからの入力を使おう	063
	input関数について	064

f-string（f文字列）について   064
文字列も足し算できる   065

Chapter 4 数字と文字列を操作しよう   067

01 文字列と数字を組み合わせよう   068
    エラーメッセージをチェック！   069
    文字列は文字列としか足し算できない   069
    エラーの説明をしてもらう   070
    AIによる修正案   072
    値を変換する関数   073

02 入力値の2倍を計算する   074
    文字列は掛け算もできる！   074
    コードを修正しよう   075

03 整数と浮動小数   076
    異なるタイプの計算   077
    小数点以下の扱い   077
    COLUMN roundは四捨五入ではない？   078

04 文字列を操作しよう   079
    「メソッド」とは？   079
    「オブジェクト」とは？   081
    オブジェクトとメソッドの呼び出し   083

05 文字列の一部を取り出す   084
    スライスについて   084

06 文字列の検索・置換をしよう   087
    検索を試そう   089
    文字列を置換する   090
    置換を試してみよう   091

Chapter 5 条件で分けたり、繰り返したりしよう   093

01 条件をチェックして実行しよう   094
    条件が満たされたら処理を行う   094
    実行する処理はインデントする！   096
    COLUMN コーディングスタイルとPEP 8について   097

02 ifの「条件」ってどういうもの？   098
    比較演算の式を使おう   098

03	ifを使ったサンプルを作ろう	101
	@paramで数字を入力させる	102
	コードを修正しよう	104
04	elseで「満たされないときの処理」を用意しよう	105
	条件に応じて異なる処理を実行する	106
05	2つ以上の分岐を作ろう	109
	多数の分岐のサンプルコードを作る	110
	ポイントは「条件の順番」	112
	条件の順番のポイント	113
06	条件を満たすまで繰り返そう	114
	whileを使ったサンプルを作る	115
	代入演算子について	117
07	指定した範囲で繰り返そう	118
	rangeでforを使う	119
	rangeの使い方を覚えよう	119

Chapter **6** たくさんのデータを扱おう

121

01	コレクションって何?	122
02	リストって何?	124
	リストの使い方	125
	値がない場合はエラーになる!	126
	値がない場合の処理は?	127
	値がリストにあるか調べる	128
03	データをリストで管理しよう	130
	データを合計しよう	131
	リストのデータを編集する	132
	追加・挿入・削除・変更	133
	データの追加・削除を行おう	135
	サンプルコードの内容をチェック!	136
04	タプルとは?	139
05	辞書を使おう	141
	キーは文字列以外もOK!	143
	辞書の中身を操作しよう	144
	forで辞書の要素を処理しよう	145
	COLUMN 「Set」はどういうもの?	146
	COLUMN 「単純文」と「複合文」	146
06	辞書+リストでデータ管理	147
	データの表示	149

07 売上データを管理しよう 150

　売上データの一覧表示 150

　売上データの追加 151

　指定した売上データを表示する 152

　年度と製品によるフィルター表示 153

　売上データの更新 154

　売上データの削除 155

　売上データの集計 156

　わからないなら、聞いてみよう！ 157

Chapter 7 　関数とクラスを使おう 159

01 関数を作ろう 160

　関数は独立して動くプログラム 160

　関数の定義について 161

02 関数を使おう 163

　引数を利用しよう 164

　戻り値を使おう 167

03 データ集計の関数を作ろう 170

　集計用関数を作る 170

　データを集計しよう 172

04 クラスを作ろう 174

　クラスはデータと操作をひとまとめにしたもの 174

05 クラスを利用しよう 176

　インスタンスを使ってみる 176

　メソッドを作ろう 177

　「属性とメソッド」「クラスとインスタンス」 178

Chapter 8 　pandasライブラリを使ってデータ処理をしよう 179

01 ライブラリを使おう 180

　pandasライブラリをインストールしよう 180

　pipコマンドについて 181

02 DataFrameでデータを管理しよう 182

　pandasとDataFrame 182

　DataFrameを作ろう 183

　DataFrameを表示しよう 184

表の表示デザインについて   185
特定のデータだけを取り出そう   186
条件で絞り込む   187
03 データの操作をしよう   188
  COLUMN DataFrameのインデックスは通し番号ではない！   189
concatを使ったやり方   189
データを削除しよう   191
04 ファイルを利用しよう   193
CSV/JSONファイルへの読み書き   195
データを読み込もう   197
05 統計処理を行おう   199
基本統計量の計算をしよう   200
特定の統計量を計算しよう   200
06 plotでグラフを描こう   203
日本語を使えるようにしよう   204
  COLUMN japanize_matplotlibはmatplotllib用ライブラリ   205
グラフ作成の基本を覚えよう   205
plotメソッドの引数について   207
引数でグラフを整えよう   208
描けるグラフの種類   211
積み上げ棒グラフを描こう   212
3教科の点数をまとめてヒストグラムを作ろう   214
散布図で教科ごとの傾向を調べよう   215

01 Webページにアクセスしよう   218
requestとrequests   218
requestsの使い方を覚えよう   218
Webのコンテンツを表示しよう   220
02 JSONデータを利用しよう   222
JSONPlaceholderを利用しよう   223
Postsデータを表示する   224
03 郵便番号から住所を検索しよう   227
郵便番号検索のコードを作ろう   228
04 天気予報を調べよう   230
都道府県データの用意   230
都道府県の設定   231
天気予報を表示しよう   232

05　Beautiful Soupを使おう　　　　　　　　　　　　　　234
　　Beautiful Soupってどういうもの?　　　　　　　　　234
　　RSSをBeautiful Soupで利用しよう　　　　　　　　235
　　BeautifulSoup利用の流れ　　　　　　　　　　　　237
　　ResultSetについて　　　　　　　　　　　　　　　　238
　　RSSの構造について　　　　　　　　　　　　　　　　238
　　Googleニュースの最新記事を表示しよう　　　　　　240
　　RSS処理の流れを整理しよう　　　　　　　　　　　　241

Chapter 10 プログラムの中から ChatGPTを使おう

243

01　OpenAIに開発者として登録しよう　　　　　　　　　244
　　OpenAIにアカウント登録する　　　　　　　　　　　244
02　API利用に必要な設定を行おう　　　　　　　　　　　248
　　APIキー作成とユーザー認証　　　　　　　　　　　　248
　　APIキーを作成しよう　　　　　　　　　　　　　　　250
03　クレジットを購入しよう　　　　　　　　　　　　　　252
　　Billingで支払いの設定をしよう　　　　　　　　　　252
04　OpenAI APIを使おう　　　　　　　　　　　　　　　255
　　openaiライブラリを用意する　　　　　　　　　　　256
　　OpenAIインスタンスの作成　　　　　　　　　　　　257
　　AIとやり取りする2つの方式　　　　　　　　　　　　257
　　Completionsを使おう　　　　　　　　　　　　　　259
　　Completionsの戻り値　　　　　　　　　　　　　　260
　　チャット機能を使うには?　　　　　　　　　　　　　260
　　チャットのcreateメソッド　　　　　　　　　　　　261
　　チャットの応答について　　　　　　　　　　　　　　262
05　パラメーターを調整しよう　　　　　　　　　　　　　264
　　　COLUMN　トークンって何?　　　　　　　　　　　265
06　自分のプログラムからAIを使おう　　　　　　　　　266
　　検索ワードを生成する　　　　　　　　　　　　　　　266
　　Google検索上位のWebサイトのコンテンツを収集する　268
　　コンテンツを500文字に要約する　　　　　　　　　　269
　　メインプログラムを作ろう　　　　　　　　　　　　　270
07　AIを使ってさらにPythonを使いこなそう　　　　　　271
　　AI利用のテクニックに頼らない!　　　　　　　　　　272

INDEX　　　　　　　　　　　　　　　　　　　　　　274

Chapter 1

ChatGPTでPythonを
学ぶってどういうこと?

この章のポイント
- ChatGPTがなぜ広く使われているのか理解しましょう。
- プログラミング学習にAIを活かす方法を考えましょう。
- Pythonという言語の特徴を理解しましょう。

01 生成AIとChatGPT
02 どうやって学ぶの?
03 Pythonはどんな言語?

01 生成AIとChatGPT

　2023年は、「AIの年」だったといっていいでしょう。テキストから応答やイメージを生成する「生成AI」が登場し、瞬く間に広まっていきました。皆さんの中には「日常業務にAIはなくてはならないものとなっている」という人もきっと多いでしょう。

　多数の生成AIサービスが乱立しつつある中でも、圧倒的な存在感を保持しているのが「ChatGPT」です。生成AIは、ChatGPTによって始まったといっても過言ではありません。多くの人にとって「生成AI = ChatGPT」であり、ChatGPTはAIの代名詞となっています。日常の業務や学習などに生成AIを利用したい、と思っている人はきっと多いことでしょう。

　では、「生成AIを業務や学習などで利用してみる」として、具体的にどういう使い方をすればいいのでしょうか。生成AIを利用していない人の多くが「実際にどう使えば便利なのかよくわからない」と感じているようです。

　現在、生成AIを活用している人の多くは、だいたい以下のような用途に利用しているようです。

- 文章生成。メールや案内状などの定型的な文章の作成。
- 翻訳。英語などのドキュメントを日本語にする。
- コンテンツの要約。長文のレポートやメールの概要を作成する。
- 情報の検索。知りたいことをインターネット検索のように尋ねる。

　これらは生成AIのもっとも基本的な使い方です。生成AIを初めて使う人は、まずこうしたことから利用してみると良いでしょう。これらを試してみれば、「生成AIって、意外に使えるな」と感じるはずです。

ﾟ プログラミング学習とAI

　こうした基本的なこと以外に「これはAIを使うべき！」と猛烈にプッシュしたい
のが「プログラミング学習」です。

　生成AIは、さまざまなコンテンツを生成できますが、中でも「プログラムのコー
ド」の生成はかなり得意なのです。この分野は、人間がやろうとすると非常に大変
な部分でもあります。ある程度プログラミングができる人でも、すべてを一から書
いていくのは大変です。必要に応じてAIにコードを書いてもらい、それらをうまく
活用することで効率よくプログラムを作成できます。

　このことは、業務としてプログラムを作成する場合だけでなく、「プログラミング
を学ぶ」という場合にも活きてきます。AIはコードの作成も、わからないことの説
明も得意なのですから、プログラミングを勉強するような用途にはまさにうってつ
けです。

02 どうやって学ぶの？

　ただし、ただAIに「プログラミングを教えて」といっても、教えてくれるわけではありません。AIをどう使えばプログラミングを効率的に学べるか、きちんと考えておかないといけません。

　プログラミング言語というのは、「言語」というだけあって、基本的な文法が決まっています。またプログラミングはさまざまな部品（値や変数など）が使われるため、「その言語にはどんな文法があるのか」「どういう部品が用意されどう使われるのか」といったことをきちんと理解していかないといけません。また、用意されている膨大な機能をどういう順に学んでいけばいいかも考えないといけないでしょう。

　逆説的ですが、プログラミング言語がどういうものかわからないと、AIでプログラミングを学ぶことはできないのです。やはり、プログラミングの学習を誘導してくれる入門のようなものが必要となるでしょう。

　本書は「AIを活用しながらプログラミングを学んでいくための入門書」として用意しました。「AIがあれば入門書なんていらない」というわけではないのですよ。むしろ、AIは自分が持っている入門書などを活用するのにも役立つのです。必要に応じてAIの力を借りながら、プログラミングについて学んでいきましょう。

AIを活用した学び方

　では、AIを活用してプログラミングを学ぶ場合、どのようなやり方をしていけばいいのでしょうか。どういう文法や機能を学ぶかなどの具体的な話は後にして、基本的な考え方をここで整理しておきましょう。

「説明」「コード例」「解説」で理解する

　プログラミングには様々な機能があります。これらの機能を１つずつ理解していくことがプログラミングを学ぶということだ、といってもいいでしょう。これは「説明」「コード例」「解説」という３つの作業で行います。

● 説明

　まず、その機能がどういうものか、どういう働きをするかを説明してもらい、理解しましょう。

● **コード例**

その機能を利用したサンプルコードを作ってもらい、それを見て具体的にどのような使い方をするのかを確認しましょう。

● **解説**

サンプルコードの内容がわからなければ、それを説明してもらい、その機能がコードの中でどういう働きをするかを学びましょう。

わかるまでコードを読む

この中でもっとも重要なのが「コード例」です。慣れないうちは、プログラムを具体的にどのように作るのかがうまくイメージできません。実際のコード例を読むことで、「なるほど、こう使うのか」ということがわかっていくのです。

機能が難しくなるほど、コード例を見てもなかなか理解できなくなってくるでしょう。そんなときはどうすればいいか？ それは「別のコード例を見る」のです。1つの例だけではわからないことでも、「こういう場合はどんなコードになるのか？」「別の例ではどう使われるか？」というようにさまざまな例を見ることで、少しずつ使い方が理解できるようになります。

書いたコードを評価する

プログラミングは、ただコードを眺めるだけではマスターできません。実際に自分でコードを書いて動かしながら使い方を覚えていくものです。このとき、自分で書いたコードをAIに評価してもらうことで、より使い方をしっかりと学ぶことができます。

例えば、書いたコードがエラーになる場合も、AIに評価してもらうことで正しいコードを知ることができます。

03 Pythonはどんな言語?

初めてプログラミング言語を学ぶ場合、どの言語を選択するかは重要です。世の中には多数のプログラミング言語がありますが、それぞれに用途や得手不得手があります。あまりビギナーには向かないものを選んでしまうと学習するのも大変でしょう。ビギナーにあった言語を選択し学ぶ必要があります。

本書では、「Python (パイソン)」というプログラミング言語について説明をしていきます。Pythonは、初心者向けの言語として非常に人気があります。なぜビギナーにはPythonがいいのか。その特徴を簡単にまとめてみましょう。

● 読みやすい構文

Pythonの構文はシンプルで自然な表現を用いており、コードが読みやすくなっています。また文法通りに記述すれば、自然にコードの構造などがわかります。こうした基本的な文法のおかげでビギナーが理解しやすく学習しやすいものになっています。

● 豊富なドキュメント

Pythonには豊富な公式ドキュメントがあり、ビギナーでも独学で学びやすい環境が整っています。またコミュニティも活発で、質問に対するサポートなども得やすいでしょう。ユーザー数も多いので、さまざまなQ&Aサイトで質問できます。

● コードの実行が容易

本格開発に用いられる言語は、書いたコードからプログラムを作るためにコンパイルやビルドといった作業をしなければいけません。しかしPythonはインタプリタ言語といって、書いたコードがそのまま実行できます。これにより、初学者が素早くコードを実行して結果を確認できます。また、後述しますがソフトウェアをインストールすることなくWebベースで実行できる環境なども整っており、パソコンだけでなくタブレットやスマートフォンで学ぶこともできます。

💡 Pythonを学ぶための準備は?

　では、実際にAIを使いながらPythonを学んでいくためにはどのような準備が必要でしょうか。ここでは、もっともメジャーな生成AIである「ChatGPT」を使う前提で説明していきましょう。ChatGPTを利用してPythonの学習をするには、以下のようなものが必要です。

- ChatGPTのアカウント
- Pythonソフトウェアのインストール
- コードを記述するエディタ

　ただし、「Pythonソフトウェアのインストール」は、実はしなくても構いません。本書では、Pythonのコードを書いてその場で実行できる「Google Colaboratory（グーグル　コラボラトリー）」というサービスを利用します。これを使えばPythonをインストールしなくとも使えます。このサービスではPythonのコードを記述するための専用エディタも組み込まれているため、別途エディタや開発ツールなどを用意する必要もありません。

　従って、実質的には「ChatGPTのアカウントさえあれば、すぐにPythonを学べる」と考えていいでしょう。

COLUMN 実は、ChatGPTすら不要？

本書では、Google Colaboratoryというサービスを利用してPythonのコードを作成してい
きます。このサービスには「Colab AI」という機能が組み込まれています。これはAIを使って
コード作成を支援するツールで、作りたいコードを自動生成したり、チャットでプログラミン
グに関する質問をしたりできます。このColab AIを利用すれば、ChatGPTがなくとも
Google ColaboratoryだけでPythonを使えるようになるでしょう。

ただし、このColab AIは、Google Colaboratoryの有料版では完全に利用できますが、無料
版の場合、期間限定で利用できるようになっています。今後、有料版以外では使えなくなる可
能性もあります。

Colab AIについては、次の章で説明する予定です。

Chapter **2**

ChatGPTでPythonを
学ぶ準備をしよう

この章のポイント
- ChatGPTに登録し、プロンプトを使えるようにしましょう。
- Google Colaboratoryの基本的な使い方を覚えましょう。
- Colab AIの働きと使い方を理解しましょう

01 ChatGPTを使う方法
02 ChatGPTにアカウント登録する
03 ChatGPTを試そう
04 Google Colaboratoryを使おう
05 Colaboratoryの基本を覚えよう
06 セルを利用しよう
07 Colab AIについて
08 ローカル環境でPythonを使いたい！
09 Pythonのコードを実行する

01 ChatGPTを使う方法

では、ChatGPTを利用できるようにしましょう。なお、既にChatGPTを使っている人、あるいはGoogle Geminiなど別の生成AIを利用している人は、この部分は飛ばして先に進んで構いません。

ChatGPTを使う方法はいくつかあります。簡単にまとめておきましょう。

● ChatGPTのアカウントを作成する

ChatGPTのWebサイトにアクセスし、アカウント登録してログインすればすぐに使えるようになります。スマートフォンの場合は、ChatGPTのアプリをダウンロードして使うこともできます。

アカウントは無料と有料があり、無料の場合はGPT-3.5という一世代前のAIが、有料の場合はGPT-4という最新のAIが使えます（2024年4月現在）。

● Bing Copilotを利用する

Microsoftが提供する検索サイト「Bing」には、ChatGPTを利用したチャット機能（Copilot）が用意されています。これを利用すれば、アカウント登録なども必要なく無料でChatGPTが使えます。

Bing Copilotは、ChatGPTを使うよりも有利な点がいくつかあります。1つは、無料で最新のGPT-4が使えるということ。もう1つは、Bingと連携しているためWebサイトを検索して最新の情報を元に応答を作成する点です。また参考としたWebのURLなども表示されるため、Bingからの応答の事実確認も簡単に行えます。

なお、Windows 11ではWindows Copilotという機能が組み込まれていますが、これもChatGPTと同じAIを利用して動いています。

● OpenAI API/Azure OpenAIを利用する

この他、より本格的にChatGPTを活用したい人のために、開発元のOpenAIや、提携しているMicrosoftではプログラマ向けのサービスも用意しています。これは自分のプログラムからAIを利用するなど、本気でAIを活用したい人向けのサービスです。

本書では、最後にOpenAI APIを利用したプログラムを作成する予定です。

⚐ まずはChatGPTから！

　これらのサービスの内、最後のOpenAI API/Azure OpenAIは開発者向けのものなので、ある程度ChatGPTやプログラミングに慣れたところで利用するものと考えましょう。まずはChatGPTか、Bing Copilotを利用しましょう。

　Bingチャットは、前述のとおり、GPT-4が使えるという点が魅力です。またWebにもアクセスできるため、新しい情報にも対応できます。ただし、こうした機能を追加したため、プロンプト（ユーザーが入力した質問）を送信してから応答が返ってくるまで結構待たされます。

　ChatGPTは、無料アカウントの場合、2024年4月の時点では最新のGPT-4が使えず、1つ前のGPT-3.5になります。ただし、これでも十分に高品質な応答がされますので、「無料アカウントだから役に立たない」ということは全くありません。またBing Copilotと比べると応答も高速ですし、やり取りした履歴が表示され、いつでも前に質問した応答を呼び出して確認できるため、プログラミングのように知識を蓄積しながら学習をしていくような用途には最適です。

　というわけで、「どっちがいいのかわからない」という人は、基本であるChatGPTを使うことにしましょう。

02 ChatGPTに アカウント登録する

　ChatGPTを利用するためには、アカウント登録を行う必要があります。これは ChatGPTのWebサイトにアクセスして簡単に行えます。Webブラウザから以下 のURLにアクセスをしてください。

- ● https://chat.openai.com/

　まだChatGPTのアカウントを持っていない場合、アクセスすると自動的にログ インページ (https://chat.openai.com/auth/login) にリダイレクトされます。こ こでアカウントの登録を行います。
　では、この画面にある「登録する」ボタンをクリックしてください。

図2-2-1　ChatGPTのログインページ。ここでアカウントを登録する

💡「Create your account」画面

　「Create your account」と表示された画面に変わります。ここで登録するアカ ウント名（メールアドレス）を入力します。
　これは、メールアドレスを送信して登録作業を行ってもいいのですが、ChatGPT はGoogleやMicrosoft、Appleなどのアカウントを利用して登録することもでき ます。こちらのほうが登録作業も簡単です。

Create your account

Apps Client を使用するには OpenAI にサインアップしてください。

```
┌─ メールアドレス ──────────────┐
│ |                            │
└──────────────────────────────┘
```

```
┌──────────────────────────────┐
│           続ける              │
└──────────────────────────────┘
```

アカウントをお持ちですか？ ログイン

または

```
┌──────────────────────────────┐
│  G  Google で続ける           │
└──────────────────────────────┘
```

```
┌──────────────────────────────┐
│  ■■ Microsoft Account で続ける │
└──────────────────────────────┘
```

```
┌──────────────────────────────┐
│  🍎 Apple で続ける            │
└──────────────────────────────┘
```

図 2-2-2　アカウント名を入力する画面。Google などのソーシャルログインが使える

🔆 Googleアカウントを選択する

　ここでは、Googleアカウントを使って登録を行ってみましょう。画面の「Googleで続ける」をクリックすると、Googleアカウントの一覧リストが現れます。ここから登録に使うアカウントを選択すれば、そのアカウントで登録が行われます。アカウントを複数持っている場合は、普段ログインしているものをそのまま選択すればいいでしょう。後ほどGoogle Colaboratoryというサービスも使うので、同じアカウントで統一しておくとわかりやすいでしょう。

　登録作業はもうこれで終わりです。後は何もすることはありません。簡単ですね！

図 2-2-3　Google のアカウントがリスト表示される。ここから使いたいアカウントを選ぶ

アカウント登録されると、そのままChatGPTが開かれます。このとき、初めてアクセスするときだけ、利用規約とポリシーの更新やスタートのためのヒントなどがパネルで表示されるでしょう。これらは、パネルにあるデフォルトボタンをクリックしてください。これでパネルが消え、ChatGPTが使えるようになります。

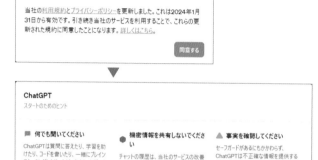

図2-2-4　利用規約とポリシーの更新、スタートのためのヒントなどがパネルで表示される

 COLUMN　「ChatGPTは現在、最大容量です」

ChatGPTのログインページにアクセスすると、ログインや登録の表示がされず、「ChatGPTは現在、最大容量です」と表示されてしまうことがあるかもしれません。これは、ChatGPTの利用者数がサーバーの上限に達し、これ以上アクセスができない状態となっている場合に現れます。
もし、このような表示が現れたなら、しばらく時間を置いてから改めてアクセスをしてみてください。

ChatGPTは現在、最大容量です

サービス再開後、通知を受け取る

図2-2-5　「ChatGPTは現在、最大容量です」と表示されたら時間を置いて再アクセスしよう

03 ChatGPTを試そう

　では、実際にChatGPTを使ってみましょう。ChatGPTの画面は、左側に黒背景のサイドバーが置かれ、その右にチャットの画面が表示されています。チャット画面の一番下に、ユーザーのプロンプト（AIに送信するテキスト）を記入するフィールドが用意されています。ここに質問を書いて、右端の「↑」アイコンをクリックすれば、記入したプロンプトがChatGPTに送信され、応答が上のチャットエリアに表示されます。

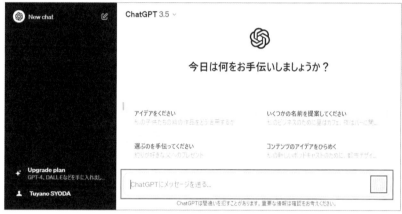

図 2-3-1　ChatGPT の画面。チャットエリアの一番下にプロンプトの入力フィールドがある

 プロンプトを送信する

　では、実際に簡単なプロンプトを実行してみましょう。プロンプトの入力フィールドに以下のように記述して送信してみてください。

リスト 2-3-1

> 👤 **あなた**
> こんにちは。あなたは誰ですか？

　送信するとプロンプトがチャットエリアの一番上に追加され、その下にAIからの応答が出力されます。おそらくこんな返事が返ってきたことでしょう。

> **ChatGPT**
> こんにちは！私はChatGPTと呼ばれる大きな言語モデルです。OpenAIによって開発
> され、GPT-3.5アーキテクチャに基づいています。質問があればどうぞお知らせくださ
> い！

　おそらく、これと全く同じ応答が返ってきた人はほとんどいないでしょう。微妙
に違うもの、あるいは全く違う返事が返ってきた人もいるはずです。これは、あな
たの使っているAIに問題があるわけではありません。AIとは、そういうものなので
す。

図2-3-2　プロンプトを送ると応答が返ってくる

💡「テキスト」ではなく「意味」を考えよう

　AIは、「この質問が来たらこの答えを返す」と決まっているわけではありません。
送られてきたプロンプトのテキストを元に応答をその場で生成して返します。同じ
プロンプトであっても実行するごとに異なる応答が生成されるのです。
　同じ人間であっても、同じ質問をすれば同じ答えが返ってくるわけではありませ
ん。それと同じで、AIが返す応答も同じものが返されることは殆どないのです。

　ただし、「まったく違う返事が返ってくる」というわけでもありません。表現は違っても、言っていることはだいたい同じような内容になっているはずです。「テキスト」はそれぞれ違っていても、「意味」はだいたい同じ、これがAIの応答の特徴です。

　本書では、さまざまなプロンプトをAIに送って応答を受け取り、説明をしていきますが、本書と全く同じ応答が得られることはほとんどありません。しかしテキストが違っても「意味」はだいたい同じはずです。

　AIを活用する場合は、「テキストではなく、テキストの意味を考える」ようにしてください。「この本に書いてあるのと同じテキストが返って来ない」と何度も質問を繰り返す必要は全くありません。

04 Google Colaboratoryを使おう

　ChatGPTが使えるようになったら、次はPythonの実行環境を用意しましょう。従来、「プログラミング言語を使う」というときは、その言語のソフトウェアをパソコンにインストールして利用するのが一般的でした。Pythonの場合も、まずはPythonのソフトウェアをインストールし、プログラミングを開始しました。

　しかし、時代は変化します。現在、Pythonを使うのに「パソコンにソフトウェアをインストールして……」というやり方をする人は少しずつ減っています。代わりに利用されるようになっているのが「Webベースの実行環境」です。

Pythonは「計算する」ためのもの

　プログラミング言語と一口にいっても、その用途は様々です。パソコンやスマホのアプリを作るためのもの、WebサイトやWebベースのサービスを作成するためのなどいろいろな用途に用いられています。

　Pythonという言語は、「さまざまな処理や計算を実行する」のに広く利用されています。例えば多量のデータを処理したり、データを分析したり、といったことによく用いられます。もちろん、Webアプリを作ったりするのに使われることもありますが、多くの人が利用しているのは純粋に「計算するため」なのです。

　計算するのが目的ならば、それは「パソコンの中で実行する」必要はありません。クラウド環境（インターネット上にあるコンピュータ環境）で実行しても構わないのです。PythonのプログラミングがWebベースで使われるようになっているのは、そういうわけです。

　こうした用途に広く使われているWebベースのプログラミング環境が、「Google Colaboratory」（以後、Colabと略）です。

Colabはクラウド上で動く

　Colabは、WebベースでPythonを実行しますが、これはもちろん、Webブラウザの中で動いているわけではありません。

　Colabは、Googleのクラウド環境内に「ランタイム」と呼ばれるものを作成して動かします。ランタイムは、Pythonを実行するための仮想環境です。ランタイムにはCPUとストレージ（ディスクスペース）、メモリが割り当てられており、クラウドにあるサーバーマシンの中でこの仮想環境が起動されます。そしてWebブ

ラウザのColabとランタイムの間で通信をしながらPythonのプログラムを作成し実行します。

　WebブラウザでPythonのコードを書いて実行すると、接続しているランタイム環境にそのコードが送られます。そしてランタイム側でそのコードを受け取り、ランタイムの環境内でコードを実行してその実行状況や結果を逐一Webブラウザ側に返送しているのです。WebブラウザのColabではその結果を受取表示します。

　ブラウザからクラウドのランタイムにコードが送られ、そこで実行して結果を再びブラウザに返して表示する。このような仕組みでColabは動いているのです。

図 2-4-1　Colab は、Web ブラウザから Google クラウド
上のランタイムにデータを送受して動く

💡 Colaboratoryにアクセスしよう

　では、実際にColabを使ってみましょう。Colabは、Webブラウザから以下のURLにアクセスするだけで使うことができます。

● https://colab.research.google.com/

　アクセスすると、「ノートブックを開く」というパネルが表示されます。ノートブックというのは、Colabのファイルのことです。Colabを使う場合、新たなノートブックを作成し、そこにコードを書いていきます。

　デフォルトでは「Colaboratoryへようこそ」というノートブックが1つだけ用意されています。これは、Colabの簡単な説明を記述したRead meのようなものと考えてください。

図 2-4-2　Google Colaboratory の Web サイト

05 Colaboratoryの基本を覚えよう

Chapter 2

　では、新しいノートブックを作ってColabを使ってみましょう。「ノートブックを開く」パネルの下部にある「ノートブックを新規作成」ボタンをクリックしてください。新しいノートブックが開かれます。

　ノートブックの表示は、いくつかのエリアに分かれています。簡単にそれぞれのエリアの働きを説明しましょう。

図 2-5-1　新しいノートブックを開く

🔅 アイコンバーとサイドパネル

　ノートブックの左端には、縦にいくつかのアイコンが並んだアイコンバーが表示されています（**1**）。これらのアイコンは、ノートブックにある各種のパネルを呼び出すためのものです。アイコンをクリックすると、その右側にパネルが開かれるようになっています。

　アイコンバーには全部で8つのアイコンが表示されていますが、これらのアイコンで呼び出されるパネルの使い方を今すぐ覚える必要はありません。最初に知っておきたいのは「ファイルブラウザ」というパネルだけです。

🔅 ファイルブラウザについて

　アイコンバーにあるフォルダのアイコン（次ページの**2**）をクリックすると、右側にファイルブラウザのパネルが開かれます。これは、ランタイム環境のファイルを管理するためのものです。

既に説明したように、Colabはクラウド上に「ランタイム」と呼ばれる仮想環境を用意し、その中で動いています。ランタイムにはファイルストレージも割り当てられており、そこにLinuxというOSを使った実行環境が作られているのです。

ファイルブラウザは、このランタイムのストレージにあるファイルを管理します。Pythonのプログラムでは、例えばファイルからデータを読み込んで処理したり、実行結果をファイルに書き出したりすることもあるでしょう。このようなとき、ファイルブラウザを使ってランタイムのストレージにデータファイルをアップロードしたり、保存されたファイルをダウンロードしたりすることができます。

Colabで作ったプログラムは、「ランタイム上で実行される」ということをよく理解してください。インターネットの向う側にあるクラウドの中で動いていますから、パソコンにあるファイルなどにはアクセスできないのです。このため、ファイルを利用するときはファイルブラウザを使ってファイルをアップロードするなどして使う必要があるのです。

デフォルトでは「.config」「sample_data」といったフォルダが表示されていますね。これは、Colabの設定ファイルが保存されているフォルダと、サンプルとして用意されているデータファイルのフォルダです。

今すぐファイルブラウザの使い方を覚える必要はありません。「Colabでファイルを利用したコードを作成するような場合、ファイルブラウザを使ってファイルのアップロードやダウンロードをする」ということだけ覚えておきましょう。

図 2-5-2　ファイルブラウザは、ランタイム環境のファイル類をブラウズするもの

皆さんの中には、ノートブックの右上に「Colab AI」というボタンが表示された人もいることでしょう。この場合、セルに「コーディングを開始するか、AIで生成します。」というテキストがうっすらと表示されているでしょう。これは、Colabに追加されている「Colab AI」という機能によるものです。Colab AIについては、後ほど改めて説明をします。

06 セルを利用しよう

Colabでプログラムを作成するのに使われるのが「セル」と呼ばれるものです。画面の中央に見える、細長いパネルが「セル」です。セルには「コード」セルと「テキスト」セルの2種類があります。

●「コード」セル

Pythonのコードを記述するためのものです。デフォルトで用意されているセルは「コード」セルです。「コード」セルは、上部に見える「コード」をクリックするか、セルの上下中央にある「コード」ボタンをクリックして作成できます。

●「テキスト」セル

これはMarkdownという簡易記述言語を使ってドキュメントを記述するのに使われるものです。Colabのノートブックを使ってレポートなどを作成するようなときに用いられます。上部の「テキスト」をクリックするか、セルの上下中央にある「テキスト」ボタンをクリックして作成します。

これらのセルは1つだけでなく、必要に応じていくつでも作成することができます。Colabでプログラミングを学習するときは、「セルを作ってコードを書いて実行、また新しいセルを作ってコードを書いて実行」というように次々とセルを作ってコードを動かしていくのです。

作成したセルは、いつでも再実行することができます。たくさんのセルにそれぞれ短いコードを書いておき、必要に応じてセルを選んで実行させる、といった使い方ができるのです。

図 2-6-1　デフォルトで用意されている「コード」セル

💡 セルでコードを実行しよう

「コード」セルの使い方はとても簡単です。セルにPythonのコードを記述し、左端にある「セルを実行」アイコンをクリックするだけです。

では、実際に簡単なコードを書いて動かしてみましょう。

リスト2-6-1

```
01  a = 10
02  b = 20
03  c = a + b
04  print(f"{a} + {b} = {c}")
```

これをセルに記述したら、左端にある「セルを実行」アイコンをクリックしてください。コードがランタイムに送られて実行され、その結果がセルの下に表示されます。「10 + 20 = 30」というテキストが表示されるでしょう。

図2-6-2　セルにコードを書いて実行する

💡 ランタイムは自動接続される

セルを実行すると、実行から結果が表示されるまで結構待たされたかもしれません。「Colabってこんなに遅いのか」と思ったでしょうが、実はそういうわけではありません。

Colabは、クラウド上にランタイム環境を構築し、ブラウザからランタイムに接続して動いている、と説明しましたね。初めてセルを実行するときはまだランタイムがありません。このため、その場でクラウド上にランタイム環境を構築し、これに接続する作業を行ってからセルを実行していたのです。

ランタイムは一度作成すると当分の間、使い続けることができます。ただし一定時間Colabを使わないとランタイムとの接続が切られますし、12〜24時間が経過すると自動的に終了します。ずっと同じランタイム環境を使い続けることはできないのです。

ランタイムが終了しても、またセルを実行させれば自動的にランタイムを作成して接続するので心配はいりません。「連続して使えるのは最大で24時間まで」というだけです。

ランタイムの状況は、画面の右上に表示されます。接続されていない場合は「接続」と表示されていますが、ランタイムに接続するとRAMとディスクの使用状況が小さな線グラフで表示されるようになります。

図2-6-3　画面の右上にランタイムの状況が表示される

ノートブックの保存

セルの基本的な使い方がわかったところで、ノートブックの保存についても触れておきましょう。

ノートブックは、Googleドライブ内にファイルとして保存されます。ノートブックの保存は自動で行われますが、ノートブック名も自動で割り振られているため、きちんと利用するならファイル名を入力しておきましょう。

ノートブック名は、ノートブックの最上部に表示されています。これをクリックし、新しいノートブック名を記入すれば名前を変更できます。

図2-6-4　ノートブック名部分をクリックして書き換えられる

保存されたノートブックは、Googleドライブの「Colab Notebooks」というフォルダに保管されます。Googleドライブを開いて、このフォルダにノートブックが保管されていることを確認しましょう。

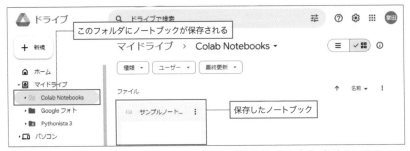

図 2-6-5　Google ドライブで「Colab Notebooks」フォルダを開くとノートブックが保存されている

　保存したノートブックは、Googleドライブから開くだけでなく、Colabのサイト（https://colab.research.google.com/）からも利用できます。サイトにアクセスすると表示される「ノートブックを開く」パネルから、作成したノートブックを選べばそれが開かれます。

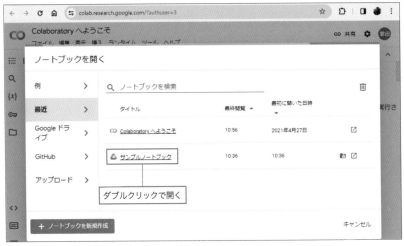

図 2-6-6　Colab のサイトにアクセスしてノートブックを開くこともできる

ランタイムの切断と再接続

　Colabを利用しているとき、必ず発生する問題が「ランタイムの切断」です。これは、Colabの最大にして唯一の問題点といっていいでしょう。Colabはクラウドにランタイム環境を作成してアクセスするため、大勢がアクセスするとリソース（クラウドのハードウェア環境）が逼迫します。これを回避するため、あまり利用していないユーザーは接続が切られ、更に時間が経過するとランタイムも削除されます。

　Colabを開いたままコーヒーブレイクして帰ってくると、画面に「ランタイムの切断」というアラートが表示されていることがあるでしょう。Colabの使用中にランタイムとの接続が切れると、このような表示が現れます。このようなときは、「再接続」ボタンをクリックすれば、再びランタイムに接続し使える状態になります。

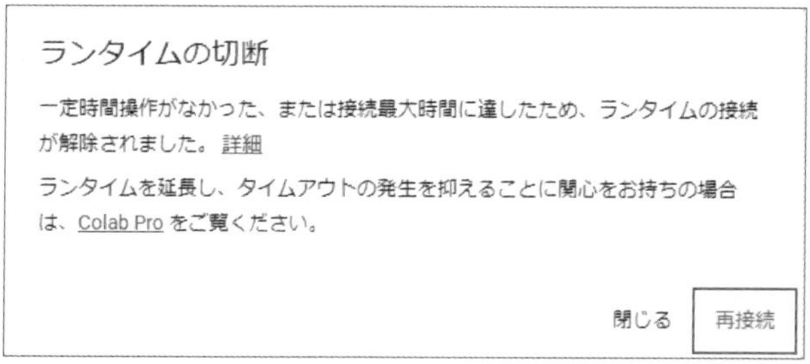

ランタイムの切断

一定時間操作がなかった、または接続最大時間に達したため、ランタイムの接続が解除されました。詳細

ランタイムを延長し、タイムアウトの発生を抑えることに関心をお持ちの場合は、Colab Pro をご覧ください。

閉じる　　再接続

図 2-6-7　ランタイムとの接続が切れると、このようなアラートが表示される

💡 Pythonのバージョンを変更したい

　2024年1月の時点で、Colabに用意されているPythonは「Python 3.10.12」というバージョンになっています。ColabのPythonは必要に応じてアップデートされています。Python 3が劇的に変わる（Python 4になる）ことがない限り、本書で掲載されているコードはそのままColabのPythonで動作するはずです。

　ただし、Pythonのアップデートにより予想外の変更などが加えられたような場合、バージョンを3.10にしておかないと動作しないコードが出てくる可能性も全くないわけではありません。そこで、ColabのPythonのバージョンを変更する方法を簡単に説明しておきましょう。

> なお、この方法は2024年1月の時点で有効なやり方で、Colabのアップデートによっては使えなくなる可能性もあります。そのような場合は、この後に説明する「ローカル環境でPythonを使いたい！」を読んで、パソコンに指定バージョンのPythonをインストールして利用してください。

1. Pythonのバージョンをチェックする

　まず、ColabのPythonのバージョンをチェックしましょう。これはセルに以下のように書いて実行します。これで「Python 3.10.x」（xは任意の数字）と表示されれば、バージョンを変更する必要はありません。

リスト2-6-2

```
01 !python --version
```

図 2-6-8　Python のバージョンを確認する

2. Python 3.10をインストールする

　バージョンを変更する必要があった場合は、新しいセルに以下のコードを記述し実行します。これで、Python 3.10の最新バージョンがインストールされます。

リスト2-6-3

```
01 !sudo apt install python3.10
02 !sudo update-alternatives --install /usr/bin/python3 python3 ➡
   /usr/bin/python3.10 1
```

図 2-6-9　Python 3.10 をインストールする

3. 再度バージョンを確認する

　インストールが終わったら、再度**リスト2-6-2**を実行してPythonのバージョンを確認してください。「Python 3.10.x」という表示に変わっているでしょう。

図 2-6-10　バージョンが変わった

07 Colab AIについて

「AIを活用してPythonの学習する」ということを考えたとき、一般的には「ChatGPTなどで質問しながらPythonのコードを書いて動かす」というやり方が思い浮かぶでしょう。しかし、Colabを利用している場合、もっと簡単な方法があります。「Colab AI」を活用するのです。

Colab AIは、Colabに組み込まれている機能です。これは有料版のみ提供されていましたが、2023年12月より無料版でも使えるようになりました。

ただし、無料版は「期間限定公開」である、という点を理解してください。Colabを提供しているクラウド環境に余裕がある限り、2024年も無料版での提供を継続するということですが、利用が急増しクラウドのリソースが逼迫すれば無料版への提供を終了することも考えられます。「無料版では今しか利用できないかもしれない」ということを理解した上で使いましょう。

利用を開始する

Colab AIの利用を開始するには、右上に見える「Colab AI」をクリックします。まだ利用開始していない場合、画面に「Colab Generative AI」というパネルが現れます。ここで、Colab AIの利用に関する簡単な説明が表示されます。

Colab Generative AI

このお知らせとGoogleのプライバシーポリシーでは、Colabでのデータの取り扱いについて説明しています。以下の内容をよくご確認ください。

Colabの生成AI機能を使用すると、Googleがメッセージ、関連コード、生成された出力、関連機能の使用情報、フィードバックを収集します。Googleではこのデータを、Google Cloudのようなエンタープライズプロダクトを含め、Googleのプロダクトやサービス、そして機械学習技術を提供、改善、開発する目的で使用します。

品質の向上とプロダクトの改善のため、メッセージや生成された出力、関連機能の使用情報やフィードバックについて、人間のレビュアーが読み取り、注釈を付け、処理を行う場合があります。**メッセージやフィードバックには、ご自身や他人を特定できるような機密情報（部外秘など）や個人情報を含めないでください。データは最長18か月間保持されます。**Googleがデータ提供者を特定できない方法で保存され、削除リクエストには応じられなくなります。

Colabの生成AIモデルは、英語と日本語でテストおよび検証されています。今後、他の言語でも検証される予定です。

キャンセル　　次へ

図 2-7-1 「Colab AI」をクリックすると利用の説明が現れる

そのままパネルの「次へ」をクリックしてください。「Terms of Service」という表示が現れ、その下部に「Colab での 生成 AI の使用には、Google 利用規約と生成 AI の追加利用規約が適用されることを承諾します。」と表示されます。このチェックボックスをONにして「終了」をクリックすると、利用規約に同意したものとみなされ、Colab AIの利用が開始されます。

図 2-7-2　チェックボックスを ON にして終了する

☀️ Colab AIをOFFにするには？

利用開始すると、下部に「設定で生成AI機能を無効にして非表示にできます」というメッセージが表示されます。ここから「設定を開く」をクリックしてください。Colabの設定パネルが開かれます。

設定パネルには「Colab AI」という項目が用意されています。これを選択すると、「生成AI機能の利用に同意している」「生成AI機能を非表示」といったチェックボックスが表示されます。これらをOFFにすれば、Colab AIの機能をOFFにすることができます。

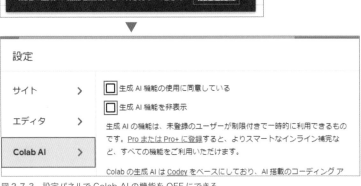

図 2-7-3　設定パネルで Colab AI の機能を OFF にできる

COLUMN　Colab AIが使えない！

Colabのノートブックを開いても「Colab AI」というボタンが表示されない、という人もいることでしょう。そういう人は、使っているアカウントを確認してください。
Colab AIは、Googleワークスペースのアカウントを使っていると利用できない場合があります。このような場合は、「@gmail.com」というメールアドレスのアカウントに切り替えてください。これでColab AIが使えるようになります。

◌ Colab AIチャットパネル

　Colab AIを開始すると、ノートブックの右側に「Colab AI」というタイトルのパネルが開かれます。これは、Colab AIによるチャットパネルです。Colab AIの機能は大きく2つあり、その1つがチャットパネルです。このチャットパネルは、右上の「Colab AI」をクリックして開くこともできます。

　チャットパネルは、ChatGPTのチャット画面と同様に、プロンプトを書いて送信するとAIから応答が返ってくるというものです。プログラミングやPythonに関する質問をここで送信すれば、いつでも答えてくれます。

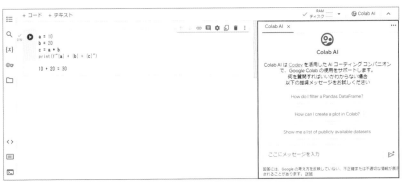

図2-7-4　Colab AIを開始すると、右側にチャットパネルが開かれる

　では、実際に試してみましょう。チャットパネルの入力フィールドに以下のように記述して実行してみてください。

リスト2-7-1

 あなた
ランダムなデータ10個を作成し合計するコードを教えて。

これを実行すると、Pythonのコードが作成され表示されるでしょう。あっといいう間にコードが作れてしまいました。

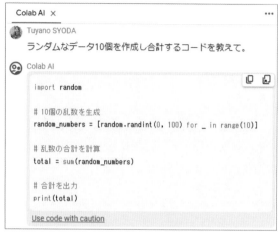

図2-7-5　プロンプトを送信してコードを作成できる

　生成されたコード部分には、右上に「コピー」「コードセルを追加」といったアイコンが用意されています。これらを使って、生成されたコードを簡単に試すことができます。

　試しに右側のアイコン「コードセルを追加」をクリックしてみてください。そのコードを記述したセルが自動追加されます。そのまま実行すれば、コードが正しく動いているかどうか確認できるでしょう。

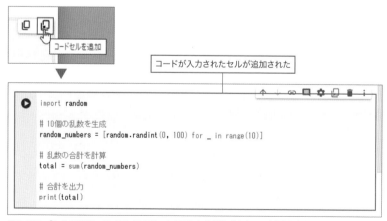

図2-7-6　「セルの追加」アイコンをクリックするとセルが作成されコードが記述される

セルのコード生成機能

Colab AIには、チャットパネルの他にもう1つ重要な機能があります。それは、セルに組み込まれたコード生成機能です。

「コード」ボタンをクリックして新しいセルを作成してください。新しいセルには、初期状態で「コーディングを開始するか、AIで生成します。」というメッセージがうっすらと表示されています。このメッセージの「生成」リンクをクリックしてください。

セルの表示が変わり、プロンプトを入力するフィールドが表示されます。ここにプロンプトを書いて送信すれば、それを元にコードを自動生成してくれるのです。

図 2-7-7 「生成」リンクをクリックするとプロンプトを入力するフィールドが追加される

では、このプロンプトのフィールドに先ほどと同じようにプロンプトを書いてみましょう。以下のように記述し実行してください。

リスト2-7-2

> **あなた**
> ランダムな数字を10個作り、合計する。

これで、ランダムな数字を作って合計するコードがセルに作成されます。信じられないほど簡単にコードが作られることがわかりますね。このやり方では、セルを作成することもありません。プロンプトを実行すればその場でセルにコードが書き出され、実行できます。

この他にもAIを利用した機能はありますが、とりあえず「チャットパネル」と「セルのコード生成機能」の2つだけわかれば、十分Colab AIを活用できるでしょう。

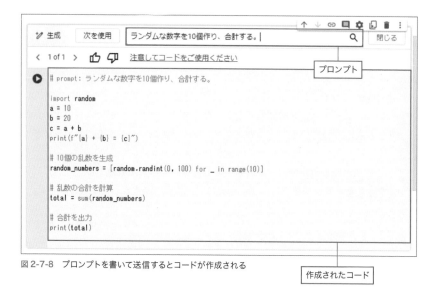

図2-7-8 プロンプトを書いて送信するとコードが作成される

💡 Colab AIか、ChatGPTか?

実際に試してみると、Colab AIで十分「AIを利用したプログラミング」を実現できることがわかります。ならば、わざわざChatGPTを利用することもないのでは? そう思いますね。

Colab AIを利用したほうがいいのか、それともChatGPTを併用しながら学ぶべきか。どちらの方式を使うべきか、いくつかのポイントに絞って考えてみましょう。

● Colab AIは、Colab専用!

当たり前のことですが、Colab AIは、Colabでしか使えません。従って、Colab以外のPython環境を利用する場合、Colab AIは使えないため、ChatGPTを併用することになります。まだまだローカル環境にPythonをインストールして利用している人も多いでしょう。こうした人はChatGPTを利用しましょう。

● Colab AIはコーディングに特化したAI

それ以上に考えておきたいのが、「ベースとなっているAIモデルの違い」です。ChatGPTは、OpenAIが開発するGPT-3.5/4といったAIモデルを使っています。これは「大規模言語モデル」と呼ばれ、あらゆる質問に対応できる汎用的なAIモデルです。これに対し、Colab AIが使っているのは「Codey」というプログラミングに特化されたモデルです。

コードの作成などについてはどちらも非常に高品質な応答をしてくれますが、それ以外の一般的な会話となると、CodeyはCPT-3.5などよりもやや品質が劣ります。GPT-3.5を使うChatGPTのほうが、より柔軟な説明をしてくれるかもしれません。

● Clabは日本語が苦手

実際に使ってみるとわかることですが、Colab AIでは、日本語で質問しても英語で回答されることが結構あります。「日本語で説明して」など書いておけば日本語になりますが、Colab AIは基本的に英語ベースで動いているのです。

ChatGPTは、日本語に完全対応しています。日本語で安心して使えるほうがいいという人は、ChatGPTのほうがいいでしょう。

● Colab AIは期間限定！

Colab AIは、Colabの無料版には期間限定で機能が提供されています。これは、「利用が急増しリソースが逼迫すれば、いつでも終了する」ことを示しています。いつもColab AIを使っていたのに、ある日突然使えなくなっていた、というのでは困りますね。

有料版では、このような問題はありません。けれど、それなら無料でChatGPTを使ったほうが安上がりですね。

Colabで頑張るか、それ以外の環境か

もし、あなたがColabだけでPythonの学習を進めたい、と考えるなら、とりあえずColab AIを利用しながら学習を進めていくのが良いでしょう。しかし、ローカルにPythonをインストールするなどして利用するのであれば、ChatGPTを併用する必要があります。

「Colabだけでいくか、そうでないか」により、どちらを選ぶか決めればよいでしょう。

08 ローカル環境でPythonを使いたい！

　ここまでColabベースで説明をしてきましたが、中には「Colabを使いたくない、使えない」という人もいることでしょう。またインターネットに繋がらないとColabは使えないので、接続できないような状況でも使えるPython環境を用意しておきたい、と考える人は多いはずです。

　このような状況も考え、ローカル環境でPythonを実行できるようにしておきましょう。

💡 Pythonのインストール

　ローカル環境でPythonを利用するには、Pythonのソフトウェアをインストールします。これは、Pythonの公式Webサイトで配布されています。

● https://www.python.org/

図2-8-1　Pythonの公式サイト

　このページのタイトル下には、いくつかの項目が並んだバーが表示されています。ここにある「Downloads」という項目にマウスポインタを移動すると、ダウンロードのためのパネルがプルダウンして現れます。

　ここには、自分のプラットフォーム用のPythonソフトウェアをダウンロードするためのボタンが用意されています（「Download for ○○」という表示の下のボタン）。これをクリックすれば、Pythonソフトウェアのインストーラがダウンロードされます。

図 2-8-2 「Downloads」から Python ソフトウェアのダウンロードをするボタ
ンをクリックする

　Windows用のインストーラは、起動するとインストーラのウィンドウに「Install
Now」「Customize Installation」という２つの項目が表示されます。特にインス
トール内容について設定する必要がないのであれば「Install Now」をクリックしま
しょう。後は自動的にインストールを行ってくれます。

図 2-8-3　Windows 用インストーラでは「Install Now」を選ぶ

　macOS用インストーラ」の場合、起動したら「続ける」ボタンを押して順に進
めていき、最後に「インストール」というボタンが現れたらこれをクリックするだ
けです。すべてデフォルトのまま進めていけばPythonをインストールできます。

図 2-8-4　macOS 用インストーラはひたすら「続ける」を押していく

💡 特定のバージョンをインストールしたい

　本書では、Python 3.10.12というバージョンをベースにして説明をしていきます。基本的に3.10以降のバージョンであれば、基本的には本書の説明通りに学習を進めていけるはずですが、不安な方は、本書と同じバージョンをインストールしておきましょう。

　Pythonサイトのバーにある「Downloads」には「All releases」という項目があります。これを選んでください。

図2-8-5　「All releases」メニューを選ぶ

　すべてのリリース情報が表示されるページに移動します。ここにある「Looking for a specific release?」というところに、リリースされた全バージョンが一覧表示されます。この中から「3.10」の最新バージョンをダウンロードしてインストールしましょう。

Looking for a specific release?
Python releases by version number:

Release version	Release date		Click for more
Python 3.12.1	Dec. 8, 2023	⬇ Download	Release Notes
Python 3.11.7	Dec. 4, 2023	⬇ Download	Release Notes
Python 3.12.0	Oct. 2, 2023	⬇ Download	Release Notes
Python 3.11.6	Oct. 2, 2023	⬇ Download	Release Notes
Python 3.11.5	Aug. 24, 2023	⬇ Download	Release Notes
Python 3.10.13	Aug. 24, 2023	⬇ Download	Release Notes
Python 3.9.18	Aug. 24, 2023	⬇ Download	Release Notes

View older releases

図2-8-6　全リリースの一覧リスト。ここから使いたいバージョンをダウンロードできる

09 Pythonのコードを実行する

Chapter 2

　では、インストールしたPythonソフトウェアを使ってPythonのコードを作成してみましょう。Pythonコードの作成と実行には、いくつかのやり方があります。

　おそらくもっとも一般的なのは、テキストエディタなどを使ってPythonのコードを記述してファイルに保存し、これをPythonのコマンドで実行する、というやり方でしょう。これは慣れてしまえば簡単ですが、慣れないうちはコマンドの実行などを正しく行えずにエラーになってしまうこともよくあります。

　これよりもう少し簡単な方法として、Pythonに用意されている「IDLE」というアプリを使ってみましょう。Windowsユーザーはスタートボタンから「IDLE」を検索し起動してください。macOSの場合は、「アプリケーション」フォルダ内に「Python 3.xx」といったフォルダが作成され、ここにIDLEが保存されています。これを起動しましょう。

　このIDLEは、Pythonのコードをその場で実行するシェルプログラムです。起動すると、Pythonのバージョンなどが表示されたウィンドウが開かれます。これがIDLEの基本画面です。ここでPythonのコードを書いて［Enter］キーを押すと、1行ずつPythonのコードが実行できます。

図 2-9-1　IDLE のウィンドウ

💡 IDLEでコードを実行する

　では、実際に簡単なコードを実行してみましょう。ウィンドウ内に以下の文を書いて［Enter］を押してみてください。すぐ下に「Hello!」と表示されます。その場でコードが実行され、結果が表示されるのがわかるでしょう。

リスト2-9-1

```
01 print("Hello!")
```

```
information.
>>> print("Hello!")
Hello!
>>> |
```

入力して [Enter] を押す

結果が表示される

図2-9-2　コードを書いて [Enter] を押すとその場で実行される

　IDLEで実行できるコードは1行ずつですが、これで実行された結果はずっと保持
されます。例えば、Pythonでは変数（詳細は後述）というものに値を保管するよう
になっていますが、この変数も、一度作るとずっとそのままメモリ内に変数が保持
されます。そして作成した変数を使って処理を行ったりすることもできるのです。
　例として、以下のコードを1行ずつ実行してみましょう。

リスト2-9-2

```
01  a = 10
02  b = 20
03  c = a * b
04  print(f"answer: {c}")
```

　これを実行していくと、最後のprint～を実行したところで「answer: 200」
と表示されます。まだPythonのコードはよくわからないでしょうが、これはa、b、
cといった値（変数というもの）を作り、その結果を表示するプログラムです。出力
されたのは、aとbの値を掛け算した結果をcという値に保管し、それを表示したも
のです。書いたコードが1つずつ順に実行されているのが確認できるでしょう。

図2-9-3　1行ずつ実行するとメモリ内に変数が作成され、最後の文で結果が表示される

ファイルを作成してコードを書く

　このやり方は、1行ずつコードを実行できるため、Pythonの学習をするには非
常に向いています。ただ、複雑なコードを実行するには不向きでしょう。
　まとまったコードを作成する場合は、ファイルを作ってコードを記述するやり方
のほうが向いています。これもIDLEで行うことができます。「File」メニューから
「New File」を選択してください。新たにウィンドウが開かれ、Pythonのコードを
記述できるようになります。

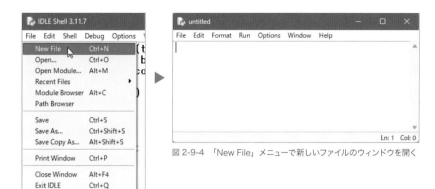

図 2-9-4 「New File」メニューで新しいファイルのウィンドウを開く

コードを記述したら、ファイルを保存しましょう。「File」メニューから「Save」を選び、適当なところにファイルを保存してください。保存場所やファイル名などはそれぞれで使いやすい場所と名前を指定して構いません。わかりやすいようにデスクトップに保存しておくとよいでしょう。

保存したら、コードを実行します。「Run」メニューから「Run Module」という項目を選んでください（**図2-9-6**）。ファイルのコードが実行され、IDLEシェルのウィンドウに実行結果が出力されます。

ファイルを利用したプログラム作成は、このように「エディタでファイルに記述」「ファイルを保存」「実行」という手順で行います。ファイルを保存してから実行する、ということを忘れないようにしましょう。

図 2-9-5 「Save」メニューを選んでファイルを保存する

図 2-9-6
「Run Module」メニューを選ぶとファイルのコードが実行される

「Run Module」の実行結果

💡 Pythonコマンドで実行する

作成したファイルは、IDLEで実行する他、Pythonのコマンドを使って実行することもできます。macOSなら「ターミナル」、Windowsでは「コマンドプロンプト」などの、コマンドを実行するアプリを起動し、「cd」コマンドで保存したファイルのある場所に移動してください。例えば、「cd Desktop」とすれば、デスクトップに移動することができます。

ターミナルまたはコマンドプロンプトで入力（デスクトップに移動する場合）
```
cd Desktop
```

ファイルのある場所に移動できたら、Pythonコマンドでファイルを実行します。これは「python3 ファイル名」という形で実行します。例えば、hello.pyという名前でファイルを保存したなら、以下のように実行すればいいでしょう。

ターミナルまたはコマンドプロンプトで入力
```
python3 hello.py
```

図2-9-7　Pythonのコマンドでファイルのコードを実行する

Windowsの場合、「python3」の代わりに「python」として実行しましょう。またコマンドのエイリアスとして「py」というのもあり、環境によっては単に「py hello.py」でも実行できるようになっています。

これでhello.pyに記述したコードが実行されます。ローカル環境でPythonの開発をする場合、このように「コードをファイルに記述し保存する」「ターミナルなどを起動し、pythonコマンドでファイルを実行する」といったやり方をします。Colabに慣れていると、いちいちコマンドを実行しないといけないため面倒臭く感じるかもしれません。

とりあえず、これで生成AIとPythonが使えるようになりました。準備はこれで完了です。いよいよPythonの学習を始めることにしましょう。

Chapter **3**

Python に触れてみよう

この章のポイント
- Python にはどんな値があるのか考えましょう。
- 変数と値を使った計算の仕方を覚えましょう。
- ユーザー入力と結果の表示を行えるようになりましょう。

01 Python について聞いてみよう
02 プロンプトのコツは？
03 値を覚えよう
04 変数を使おう
05 計算をさせてみよう
06 ユーザーからの入力を使おう

01 Pythonについて聞いてみよう

　では、いよいよPythonの学習を始めましょう。まず最初に「何をどう学んでいけばいいのか」からAIに尋ねてみることにしましょう。まずは、漠然とでいいので質問をしてみます。

リスト3-1-1

 あなた
Pythonを習得するには何をどう学べばいいですか。

　これをChatGPTで送信すると、かなり長い応答が返ってきました。だいたい以下のような内容になっていることでしょう。

 ChatGPT
Pythonを学ぶためには、以下のステップを追って学習することが一般的です。

1. 基本の理解：
　- Pythonの基本構文やデータ型、制御構造（条件分岐、ループ）、関数の作成など基本的な概念を理解しましょう。

2. Pythonのデータ構造：
　- リスト、辞書、セット、タプルなどのPythonのデータ構造を学び、操作する方法をマスターします。

3. オブジェクト指向プログラミング：
　- Pythonはオブジェクト指向プログラミング言語です。クラス、オブジェクト、継承、ポリモーフィズムなどの概念を理解しましょう。

4. モジュールとライブラリ：
　- Pythonの強力な点は豊富な標準ライブラリとサードパーティのライブラリです。モジュールの作成と使用、外部ライブラリの組み込み方を学びましょう。

　……以下略……

ちなみに、Colab AIで同じ質問をすると、もう少し整理された応答が以下のように返ってきました。

 ChatGPT
Pythonを習得するには、以下のことを学ぶ必要があります。

　・変数とデータ型
　・演算子と式
　・制御フロー
　・関数とモジュール
　・オブジェクト指向プログラミング
　・データ構造
　・アルゴリズム
　・テストとデバッグ

これらのトピックを学ぶには、チュートリアル、コース、書籍などさまざまなリソースがあります。オンラインで無料のチュートリアルやコースを見つけることができます。また、有料のコースや書籍を購入することもできます。

　……以下略……

　既に何度か説明しましたが、生成AIの応答は、必ず本と同じものが返されるわけではありません。質問しても、返ってくる応答は様々です。ですから、試してみて「この通りの返事にならない」と悩まないでください。「だいたい、同じような内容の返事ならOK」と考えましょう。
　いずれにしても、最初は基本的な文法について順に学んでいけばいいことがわかりました。

02 プロンプトのコツは？

　ここでのやり取りを読んで、「何から何まで全部AIに尋ねないといけないのか」とげんなりした気分になった人。もちろん、何から何まで細々とAIに質問していく必要はありません。

　AIを利用した学習では、「知りたいことを質問し、それを元にPythonのコードを書いて試す」ということを繰り返して学習していきます。わからないことがあれば、何度も質問することになるでしょうし、比較的簡単なことなら一度の説明ですぐに理解できるでしょう。自分なりのスピードで学んでいけばいいのです。

　ただし、そのためには「聞きたいことに的確に答えてくれる」かどうかが重要になります。これは、実は「AIに頑張ってもらう」しかない、というわけではありません。それ以上に「どう質問するか」が重要だったりするのです。

　では、どう質問すればよりよい応答が得られるのでしょうか。そのコツを考えてみましょう。

● 知りたいことをピンポイントで尋ねる

　AIへの質問でもっとも避けなければいけないこと、それは「漠然とした質問」をしてしまうことです。例えば、「Pythonの計算を教えてください」と尋ねても、思ったような応答は得られないかもしれません。あまりに抽象的すぎるためです。例えば、「Pythonで、用意したデータを元に合計や平均を計算する方法を教えて」というようにすれば、具体的なサンプルコードを使って教えてくれるはずです。「自分が本当に知りたいことはなにか？」を考え、それをピンポイントで指定して尋ねるようにしましょう。

図 3-2-1
曖昧な質問をすると、「そういうことを聞きたい訳ではないんだけど」という応答が返ってくる

● **わかるまで追加質問しよう！**

ChatGPTやColab AIのようなチャット方式のAIは、前の質問内容を覚えています。ですから、よくわからなければさらに追加で質問できるのです。

例えば、「Pythonの計算を教えてください」でよくわからなければ、さらに追加で「データ合計や平均を計算する場合を教えて」と尋ねてみれば、より知りたいことが得られます。

先ほど「漠然とした質問」はしない、といいましたが、はっきりと具体的なものをイメージできないときは、漠然とした質問でいいのでとりあえず尋ねてみて、その答えを元にもう少し具体的なことを聞いてみる、というように何回かに分けて質問するとよいでしょう。

● **複雑なプロンプトを考えない**

より正確な応答を得ることを考えていくと、あれこれとプロンプトの書き方に頭を悩ませることになるかもしれません。Webを検索すれば、プロンプトの書き方に関するさまざまな情報が得られるでしょう。こうしたものを吸収していくと、より正確な要望を送るため、長く複雑なプロンプトを考えるようになりがちです。

こんなときは、原点に立ち返ってください。あなたの目標は、「プロンプトをマスターすること」ではなかったはずです。重要なのは「プログラミングをマスターすること」ではないですか？

確かに、よりよい応答を得られるようになれば、それだけ学習も効率的に行えるようになるでしょう。けれど、そのためにあれこれとテクニックを駆使してプロンプトを設計する時間を費やすのであれば、簡単な質問を何度も繰り返し尋ねたほうが遥かに簡単です。

💡 わかりやすい応答を得るためのキーフレーズ

基本的な質問の仕方の方針はわかった、だけど具体的にどう聞けばいいのかわからない。そういう人のために、「これをつければ、必ずわかりやすい説明が得られる」というキーフレーズをいくつか紹介しておきましょう。

「小学生でもわかるように教えて」

これは基本中の基本です。説明がわかりにくい場合、このフレーズを最後に付けて質問すると、噛み砕いたわかりやすい文章が返ってきます。同様に「子供でもわかるように〜」「プログラミングを知らない人でもわかるように〜」というようにすれば、専門的な用語や表現を使わない説明をしてくれるでしょう。

「〇〇文字以内(以上)で説明して」

ChatGPTは、親切すぎてやたら長い応答が返ってくることがよくあります。内容は難しくないけれど長すぎて何を言ってるのかわからない。こういうときは、例えば「100文字以内で説明して」というように文字数を指定するとシンプルにまとめた応答が得られます。

逆に「この部分、もっと詳しく説明して欲しい」というときは、「500文字以上で詳しく説明して」というように指定するとよいでしょう。

「〜を物に例えると?」

プログラミングの世界では、日常生活では見ることのない抽象的な考え方などが登場します。こうしたものは、いくらわかりやすく説明してもらっても、具体的なイメージが掴めないことが多いのです。

こんなときに役立つのがこのフレーズです。「変数を物に例えると?」「関数を物に例えると?」というように質問すると、より具体的なイメージが掴めます。また文法の働きなどがわかりにくいときは、「〇〇の働きを物に例えると?」とすれば具体的な働きがイメージできるようになるでしょう。

「もしも〇〇だったらこれは何?」

例えの説明のアレンジですが、身近なシステムに置き換えて説明をしてもらうとより働きがイメージしやすくなります。例えば、「もしも自動車だったら、関数は何?」というように身近なシステムを使い、「これに例えると何に相当するの?」と聞けば、全体の位置づけや役割がイメージできるでしょう。

「違う形で説明して」

なにかの説明をしてもらって、それが今ひとつピンとこない、よくわからない、という場合、これが結構役に立ちます。こう再質問すると、その前の説明とは全く違う形で説明し直してくれます。抽象的な機能の説明などは、これでさまざまな説明をしてもらうと次第にイメージがつかめてくるでしょう。

💡 AIはいつまで覚えている?

もう1つ、AIを活用して学習をしていくときに頭に入れておきたいのが、「やりとりした内容の記憶」についてです。

AIチャットでは、「何か質問をして応答が返ってきたら次の質問をする」というように会話しながら学習を進めていけます。このとき、やり取りした内容をAIはちゃんと覚えています。そして次に質問したときには、その前の質問の内容を覚えていてそれを踏まえて回答します。

このことは、実はAI利用の上でとても重要なことなのです。何が重要なのか、簡単に説明しましょう。

● 前提条件を繰り返し説明する必要がない

例えば、最初に「Pythonで〜するには？」と質問したとします。そして続けてPythonのことを聞きたければ、次はもう「Pythonで」と付ける必要はありません。Pythonのことを質問しているのはわかっていますから。

また、応答の内容がよくわからなくて聞き返すときも、細かく内容を記述しなくとも大丈夫です。「今言った○○って何ですか」というようにAIに聞き返せばいいのです。

● 一度言ったことは繰り返し言わない

例えば、何かのサンプルを作ってもらったとしましょう。応答を見て、作ってもらいたい内容が少し違うことに気がつき、改めて聞き返したとします。すると、次には最初に作ってくれたサンプルとは違うものが生成されるでしょう。ChatGPTなどの高品質なAIは、特に指定をしない限り、同じ回答を何度も繰り返すことはありません。サンプルなどは必ず違うものが生成されます。

● 記憶を破棄するには新しいチャットを！

チャットでは既にやり取りしたことを記憶しているため、新たな質問をしたときも、前に質問した内容などに影響を受けます。それまでのことを忘れて新たに仕切り直して質問したいときは、新たにチャットを開始してください。ChatGPTなら左上にある「New Chat」をクリックするか、チャットのページをリロードすればいいでしょう。

図 3-2-2　画面左上にある「New Chat」で新しいチャットを開始できる

03 値を覚えよう

　さて、学習のためのプロンプトの使い方についてだいたい理解できたなら、いよいよ実際にPythonについて学んでいくことにしましょう。

　プログラミングを学び始めるとき、何よりも最初に覚えておきたいのが「値」と「変数」です。値は、プログラムの最も基本となる要素です。そしてこの値を利用するのに必要となるのが変数なのです。

値って何？

　では、そもそも「値」ってどういうものなんでしょうか。AIに質問してみることにしましょう。わかりやすく答えてもらうことを考えて、以下のように質問しました。

リスト3-3-1

> 👤 **あなた**
> Pythonの「値」について小学生でもわかるように説明して。

> 🔬 **ChatGPT**
> Pythonの「値」は、プログラムの中で使われるデータのことなんだよ。例えば、数を使うときは「5」や「10」が値になるし、名前を使うときは「John」や「Alice」が値になるんだ。それぞれの値は、プログラムの中で何かしらの意味を持っているんだよ。数字は計算に使ったり、名前は人や物を表したりするんだ。だから、Pythonの値はプログラムが理解して扱うための特別なデータなんだよ。

　値というのは、プログラムの中で使われるデータのこと、というのがわかりました。数字やテキストなどの値があることもわかりましたね。こうした値は、計算に使ったり、名前やモノを表したりするのですね。

図3-3-1　値は、プログラムで使われるデータのこと。数字やテキストなどさまざまな値がある

 どんな値があるの？

　では、具体的にどんな値があって、どう利用するのでしょうか。これも AI に教えてもらいましょう。ただ、プログラミングの世界には膨大な種類の値がありそうですから、主なものだけ教えてもらうことにします。

リスト3-3-2

 あなた
値にはどんな種類がありますか。主なものを教えてください。

 ChatGPT
Pythonにはさまざまな種類の値があります。主なものを以下に挙げてみます。

1. 整数 (int)：0や1、-5、100などの整数です。

```
x = 5
y = -10
```

2. 浮動小数点数 (float)：小数点を持つ数値です。

```
pi = 3.14
height = 1.75
```

　数字は、だいたいわかりますね。Pythonでは、整数とそれ以外（実数）は別の値として扱われているようですね。値そのものは「123」とか「0.01」というように普通に書けばいいことがわかります。これは単純ですね。
　実数の値は「浮動小数（ふどうしょうすう）」と呼ばれています。ちょっとわかりにくいですが、これは「こう呼ぶものだ」と覚えておきましょう。なぜこう呼ぶのかは、ちゃんと理由があるのですが、これは知らなくても全く問題ありません。

 ChatGPT（続き）
3. 文字列 (str)：文字の並びです。シングルクォート（'）またはダブルクォート（"）で囲まれます。

```
name = 'Alice'
message = "Hello, World!"
```

テキストも、値の仲間なんですね。これは、'Hello' とか"Hello"というように、クォートで前後を囲んで書くようになっています。このテキストも、プログラミングでは「文字列」と呼ばれます。文字が並んだ列だから、「テキスト＝文字列」というのですね。

 ChatGPT（続き）

4. 真偽値（bool）：True またはFalseのいずれかです。主に条件式の結果として使用されます。

```
is_sunny = True
is_rainy = False
```

これは、初めて見るかもしれません。真偽値というのは「True」「False」のいずれかしか値がない、ちょっと変わった値です。これは、一体どういうものかよくわからないですね。AIにわかりやすく教えてもらいます。

リスト3-3-3

 あなた
真偽値とはどういうものか、わかりやすく教えて。

 ChatGPT
真偽値は、事実や状態が「はい」か「いいえ」かを示すものです。例えば、太陽が出ている場合は「はい（True）」、雨が降っている場合は「いいえ（False）」と表現します。プログラムでは条件の判断に使われ、特定の条件が成り立つかどうかを表現します。

なるほど、「はい」か「いいえ」の二者択一で表すようなときに使うためのものなんですね！ プログラム特有の値と言えそうです。値は「True」「False」の2つだけしかないのですね。

 COLUMN 「```」はコードを示すMarkdownの記号

ここで掲載した応答は、みなさんがAIチャットで尋ねて表示されたものと微妙に表示が違っているかもしれません。特にコードの部分です。ChatGPTやColab AIでは、コードを含む応答をコピーし、テキストエディタなどにペーストすると、コードの部分はこのように表示されるでしょう。

```
01      ```python
02      コードの内容
03      ```
```

コードの前後にある「```python」と「```」は、「Markdown」というものを使った記号です。
Markdownは、テキストを簡単にデザインするための簡易記述言語です。多くのAIチャット
では、このMarkdownを利用して応答のテキストをレイアウトしています。
Markdownについて、今ここで理解する必要はありません。「```python」というのが出てき
たら、「ああ、これがコードの部分だな」ということがわかれば今は十分です。

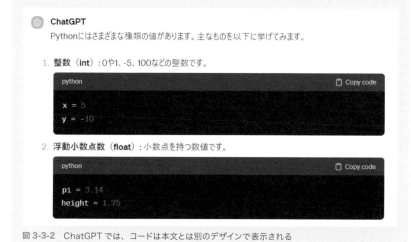

🌀 **ChatGPT**

Pythonにはさまざまな種類の値があります。主なものを以下に挙げてみます。

1. **整数（int）**：0や1、-5、100などの整数です。

```python
x = 5
y = -10
```

2. **浮動小数点数（float）**：小数点を持つ数値です。

```python
pi = 3.14
height = 1.75
```

図 3-3-2　ChatGPT では、コードは本文とは別のデザインで表示される

💡 値の基本は4種類！

AIからの応答には、この他にもさらに「リスト」「タプル」「辞書」といったものが
出力されていた人もいるかもしれません。難しそうなものはとりあえず脇に置いて、
基本的なものから少しずつ覚えていくことにしましょう。

まず最初に頭に入れておく値は、以下の3種類となります。

● 数字の値。整数（int）と実数（float）がある
● テキスト（str）の値
● 真偽値（bool）の値

3種類ですが、数字の値（数値）は整数と実数の2つがあるので、実質4種類の
値がある、と考えればいいでしょう。

「int」とか「str」って何？

　ところで、AIから出力された説明では、「整数 (int)」とか「文字列 (str)」というように、英語の単語がつけられていましたね。これは一体、なんでしょうか。聞いてみましょう。

リスト3-3-4

 あなた
値の説明にあるint，float，str，boolといったものは何ですか。

ChatGPT
それらはPythonで使われる主なデータ型です。

　これらは「データ型」というものでした。つまり、「データの型 (タイプ)」を表すものなのですね。「整数 (int)」というのは、「整数はintというデータ型ですよ」ということを表していたわけです。
　Pythonの値には、それぞれ「これはint型」「これはstr型」というようにデータ型 (タイプ) が決まっています。その値がなんという型かによって扱い方が違ってきたりするのです。

04 変数を使おう

さて、AIに型について質問したとき、おそらく簡単なサンプルコードも表示してくれたのではないでしょうか。例えばこういうものですね。

リスト3-4-1

```
01  x = 5
02  y = -10
```

これは整数のサンプルコードとして表示されたものです。「5」や「-10」は「これが整数なんだな」とわかりますが、xやyというのは一体何でしょうか。また「x = 5」というのはどういう意味なんでしょう。まさか「xと5は等しい」ってことではないですよね？

では、これもAIに聞いてみましょう。こういうときは、生成されたサンプルコードをそのまま付けて質問します。

リスト3-4-2

 あなた

x = 5
y = -10

このxやyは何ですか。また＝はどういう働きをするものですか。

 ChatGPT

このコードでは、xとyは変数と呼ばれ、それぞれに特定の値が割り当てられています。

・xには整数の値5が割り当てられています。
・yには整数の値-10が割り当てられています。

＝は代入演算子と呼ばれ、右辺の値を左辺の変数に代入します。つまり、x = 5は「変数xに値5を代入する」という意味です。同様に、y = -10は「変数yに値-10を代入する」という意味です。これにより、後でプログラム内でxやyを参照すると、それぞれの値が利用されます。

xやyは「変数」というものだ、ということがわかりました。そして＝は、右側にある値を左側の変数に代入する働きをしていることもわかりましたね。「代入」というのは、値をその変数に設定することです。覚えておきましょう。

変数は「値の入れ物」

　これで、x = 5といったサンプルコードの意味がわかりました。けれど、変数というのがどういう働きをするのか、今ひとつピンとこないですね。もう少しわかりやすく説明してもらいましょう。

リスト3-4-3

 あなた
変数とはどういうものですか。物に例えて説明してください。

ChatGPT
変数は、プログラムでデータを格納し、名前をつけて参照するためのコンテナのようなものです。例えば、変数は箱に似ています。ある値（例: ボール）を箱（変数）に入れると、その箱の中にボールが格納され、その箱の名前を使ってボールを取り出すことができます。同様に、変数はデータ（値）を保存し、プログラム内でその名前を使ってデータにアクセスできる仕組みです。

　「物に例えて」と指定することで、具体的なイメージをあげて説明してくれました。なるほど、変数は「値を入れておく箱」のようなものなんですね！　x = 5というのは、「xという変数に5という値を入れておく」ということだったわけですね。

　これで変数の働きが少し具体的にイメージできるようになりました。「変数は、箱」！　これをしっかり頭に入れておきましょう。

図 3-4-1　変数は、様々な値を保管しておく箱のようなもの

💡 変数名はどうつける?

変数を使うとき、どういう名前にすればいいか悩んでしまうことはあります。Pythonの変数名は、どういう形で付けたらいいのでしょうか。ポイントを整理しましょう。

● 1つの単語で!

変数名は、基本的に1つの単語の形で付けます。「yamada」や「taro」は変数名に使えますが、「yamda taro」のように2つの単語に分かれた名前はつけられません。

● 使えるのは半角英数字とアンダースコア

変数名は基本的に英文字でつけます。日本語の文字も使えないわけではありませんが、わかりにくくなるので使うべきではありません。半角の英数字とアンダースコア(_)記号を組み合わせてつけるようにします。なお数字は1文字目には使えません。

● 単語はアンダースコアでつなげる

名前をつけるとき、意外と便利なのがアンダースコア記号です。例えば先ほど「yamada taro」は名前に使えないといいましたが、「yamada_taro」というようにアンダースコアでつなげれば変数名に使うことができます。

このような書き方は「スネークケース」と呼ばれます。Pythonでは、さまざまな名前はスネークケースを使ってつけるのが基本です。

● 大文字と小文字は別の文字!

Pythonでよく間違えるのが「大文字と小文字」です。Pythonでは、大文字と小文字は別の文字として扱われます。aとAは別の変数になるのです。

これは、スネークケースで長い変数名をつけたようなときによく間違えがちなので注意しましょう。例えば、My_sample_dataといった変数を使うつもりでmy_sample_dataと書いてしまうとエラーになるでしょう。「変数名は全部小文字で書く」というように統一しておくといいかもしれません。

05 計算をさせてみよう

　これで「値」と「変数」という、もっとも基本的なことがわかりました。値が使えるようになったら、次にやることは？　それは「計算」です。

　プログラミングというのは、誤解を恐れずにいえば「さまざまな計算を行うこと」です。値を使い、計算ができるようになれば、それだけで簡単なプログラムを作れるようになるはずです。

　では、どんな具合に計算をするのか、サンプルコードを見てもらいましょう。

リスト3-5-1

 あなた
値や変数を使った計算の簡単なサンプルを見せて。

 ChatGPT
もちろんです。以下はシンプルな計算のサンプルコードです。

```
a = 10
b = 3
result = a + b

print("Result:", result)  # 出力: Result: 13
```

これは足し算を行う例です。変数aとbに値を代入し、それらを足して結果を表示しています。

　生成されるサンプルコードは、それぞれ違ったものになっているかもしれません。が、だいたい「いくつか変数を用意して計算して表示する」といったものが作られていることでしょう。

　では、作成されたサンプルコードをコピーし、Colabで新しいセルを用意してペーストし、実行してみてください。ちゃんと実行して結果が表示されるでしょう。AIが生成するコードは、実際に問題なく動いてくれるのですね（ただし、あまり複雑なものになるとエラーになる場合もあります。比較的単純なものならば、ということですね）。

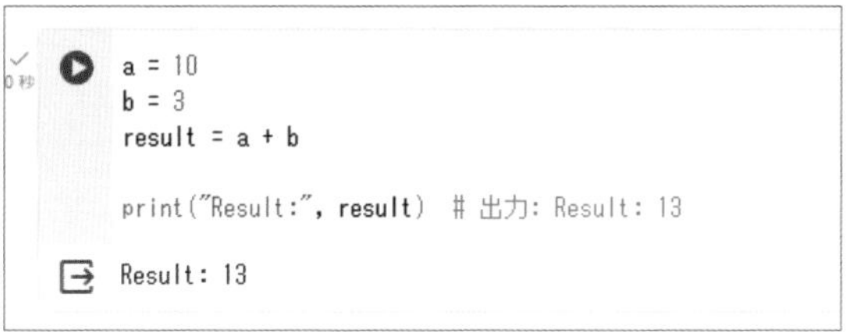

```
    ✓      ▶   a = 10
0 秒            b = 3
               result = a + b

               print("Result:", result)  # 出力: Result: 13

         ↱   Result: 13
```

図 3-5-1　Colab でサンプルコードを実行する

💡 print について

　ここで実行したサンプルコードでは、計算の他にも新しいものが使われています。
それは「print」というものです。

　この print は、「関数」と呼ばれるものです。関数は、Python に用意されている
文法の一つで、値を様々に処理したり、いろんな機能を実行したりするのに使われ
るものです。Python にはさまざまな機能を呼び出すための関数がたくさん用意さ
れています。この print というのは、( ) に書いた値を出力して表示するものです。
先ほどのサンプルではこのように書かれていましたね。

```
print("Result:", result)
```

　これで、( ) にある "Result:" という文字列と、その後の変数 result の値が表
示されます。値はそのまま表示されますが、変数はちゃんと「変数に入っている値」
が表示されるのですね。

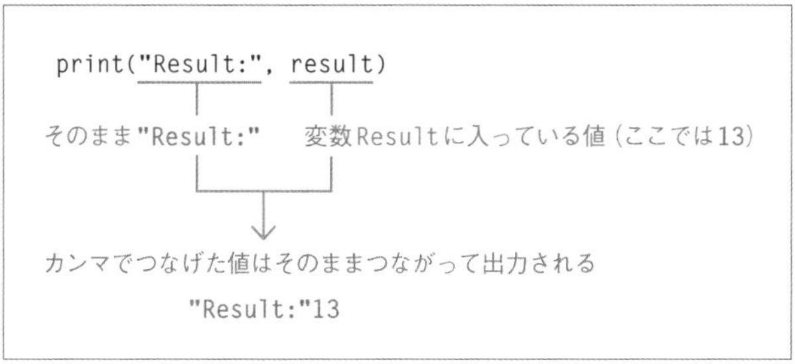

```
    print("Result:", result)
          └──┬──┘  └──┬──┘
そのまま "Result:"    変数 Result に入っている値 (ここでは13)
             └────────┬────────┘
                     ↓
  カンマでつなげた値はそのままつながって出力される
              "Result:"13
```

図 3-5-2　print 関数の動き

関数については、もっと後になってからきちんと説明します。ここでは、print という関数だけ覚えておきましょう。これはこんな具合に使います。

```
print( 値や変数 )
```

　これで、( )にある値や変数を表示します。値や変数は複数のものをまとめておくこともできます。この場合は、カンマを使って （1，2，3）というようにつなげて記述します。こうすると、用意した値を1つにつなげて表示してくれます。

　この( )部分の値は「引数」と呼ばれます。引数は、関数が必要な値を渡すためのもので、この引数に指定した値を使って関数は様々な処理を行います。引数という言葉は「関数の引数に〇〇を設定して〜」といった具合に、関数の説明でよく使われます。「この引数っていうのは( )の中の値のことだな」とわかるようにしておきましょう。

＃記号とコメント

　また、printの文では、( )の後に「#　出力：Result：13」といったものが書かれていましたね。これは何でしょうか?

　これは、「コメント」というものです。コメントは、コード内に書いておけるメモのようなものです。

　ソースコードというのは、普通、実行するコード以外のものは書くことができません。しかし、ときには様々な説明やメモのようなものを残しておきたいこともあるでしょう。こんなときに使われるのがコメントです。

　コメントの書き方は簡単で、冒頭に「#」記号を付けて書くだけです。#をつけると、そこから文の終わりまでをコメントとして扱います。コメントはコードとは無関係のものとみなされるので、実行されません。

　コードを書いていて、「ここ、わかりにくいな」とか「ここは重要だな」と思ったなら、#でコメントを付けておくようにしましょう。そうすれば、後で読み返したときも理解しやすくなります。

使える演算記号は?

　では、計算に話を戻しましょう。先ほどの例では、result = a + bというようにして足し算をしていましたね。「+」という演算記号を使って計算していたのですね。では、こうした演算記号は他にどんな物があるのでしょうか。AIに尋ねてみましょう。

リスト3-5-2

 あなた

計算にはどんな演算記号が使えますか。

 ChatGPT

Pythonでの計算にはさまざまな演算記号が使えます。以下は主なものです。

1. 加算 (+) : 二つの数を足す。

```
result_addition = 5 + 3   # 8
```

2. 減算 (-) : 左の数から右の数を引く。

```
result_subtraction = 7 - 2   # 5
```

3. 乗算 (*) : 二つの数を掛ける。

```
result_multiplication = 4 * 6   # 24
```

4. 除算 (/) : 左の数を右の数で割る。

```
result_division = 9 / 3   # 3.0
```

5. 剰余 (%) : 左の数を右の数で割った余りを求める。

```
remainder = 10 % 3   # 1
```

6. べき乗 (**) : 左の数を右の数乗で計算する。

```
power = 2 ** 3   # 8
```

これらの演算記号を使って、様々な数値計算を行うことができます。

　思った以上に色々な記号が出てきました。いわゆる四則演算は「+」「-」「*」「/」という記号で行えます。これは、キーボードのテンキーのところにある記号ですからすぐにわかりますね。

　重要なのは「除算 (割り算) とは別に、剰余 (余りの計算) がある」という点です。割り算をする「/」記号は、整数で割り切れなければ小数の値まで割り算を続けます。

例えば、10 / 4ならば、「2.5」が答えになります。しかし、場合によっては「2余り2」というような答えが欲しいこともありますね。そのために、余りを計算する記号も用意されています。

　また、「べき乗」というのは、「○乗」というものですね。たとえば「2 ** 3」というのは「2の3乗（2 * 2 * 2）」を表すものです。あまり使わないかもしれませんが一応覚えておきましょう。

 もう1つの割り算

　実をいえば、この他にももう1つ演算記号はあります。それは「割り算の答えの整数部分だけを得る」というものです。これは「//」という記号です。例えば、こんな具合に使います。

```
10 // 4
```

　10 / 4だと、結果は「2.5」になりますが、10 // 4だと「2」になります。
　割り算関係は、このように「/」「%」「//」と3つの記号が用意されています。それぞれの違いをよく理解しておきましょう。

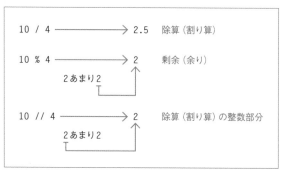

図3-5-3　割り算に関係する3つの記号

06 ユーザーからの入力を使おう

値や変数が使えるようになったら、さらに一歩進んで「ユーザーに値を入力してもらう」ということをやってみましょう。これもAIに教えてもらいます。

リスト3-6-1

 あなた
ユーザーが入力した名前を使い、「こんにちは、〇〇さん!」と表示するコードを考えて。

 ChatGPT
以下は、ユーザーが入力した名前を使用して「こんにちは、〇〇さん!」と表示するサンプルコードです。

```python
# ユーザーからの名前の入力を受け取る
user_name = input("名前を入力してください: ")

# 入力された名前を使用してメッセージを作成
greeting_message = f"こんにちは、{user_name}さん!"

# 結果を表示
print(greeting_message)
```

このコードでは、input関数を使ってユーザーから名前を受け取り、f-stringを使ってメッセージを組み立てています。そして、最終的なメッセージをprint文で表示しています。

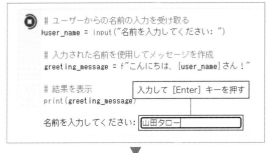

図3-6-1
実行すると、テキストを入力するフィールドが現れる。ここに名前を書いて [Enter] キーを押すと「こんにちは、〇〇さん!」と表示される

こんな応答が返ってきました。サンプルコードを生成させるときは、具体的にどういう処理を行うものを作って欲しいのかを指定しましょう。そうすれば、そのとおりに実行するコードが作られます。

生成されたサンプルコードをコピーし、Colabのセルにペーストして実行すると、「名前を入力してください：」という表示の横にテキストを入力するフィールドのようなものが表示されます。ここに名前を書いて［Enter］キーを押すと、フィールドが消え、「こんにちは、○○さん！」とメッセージが表示されます。入力したテキストを使ってプログラムが動いていることがわかりますね。

input関数について

では、作成したコードを見てみましょう。ここでユーザーからの入力を行っているのが以下の文です。

> **あなた**
> ```
> user_name = input("名前を入力してください: ")
> ```

これは、「input」という関数を利用するものです。このinputは、ユーザーにテキストを入力してもらう働きをします。これは以下のように使います。

```
変数 = input( 表示するメッセージ )
```

引数（覚えてますか？ ( )で指定する値のことでしたね）に文字列を指定しておくと、そのメッセージを表示した後にユーザーの入力待ちの状態になります。そしてユーザーが値を入力し［Enter］キーを押すと、入力した値が変数に代入されます。後は、その変数を使って処理を行えばいいのです。

f-string (f文字列) について

ここでは、もう1つ、とても面白い機能を使っています。ユーザーが入力した文字列が入っている変数を使ってメッセージを作成している部分です。

```
greeting_message = f"こんにちは、{user_name}さん！"
```

これで、greeting_messageという変数に「こんにちは、〇〇さん！」というメッセージを代入しています。が、文字列がちょっと不思議な形をしていますね？　f"〇〇"というように冒頭にfがついています。また、文字列の中に{〇〇}という不思議な記号も書かれています。

　これは「f-string（f文字列）」と呼ばれるものです。これは、""でくくった文字列の中に変数や式などを埋め込み、それらを使ってテキストを作るのに使います。このf文字列は、「f"〇〇"」というように、冒頭に「f」をつけて記述します。

　ここでは、文字列の中に{user_name}というものが記述されていますね？　これは、user_nameという変数をここに埋め込むことを表しています。f文字列では、このように{変数}と書くことで、そこに変数を埋め込めるのです。変数だけでなく、{ a + b }というように式を書いたりすることもできます。こうすることで、式の結果をそこに埋め込めるのです。

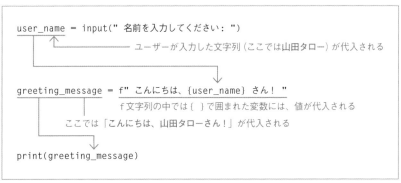

図3-6-2　f文字列

文字列も足し算できる

　では、f文字列を使わずに、普通の文字列を使って同じような表示を作成するにはどうすればいいのでしょうか。ここでは2つの書き方を挙げておきましょう。

● 文字列を足し算する

```
greeting_message = "こんにちは、" + user_name + "さん！"
```

　計算できるのは、実は数字だけではありません。文字列にも計算の機能があります。それは「足し算」です。こんな具合に、「〇〇 ＋ ××」と＋演算子でつなげることで、文字列どうしを1つにつなげることができるのです。

● printでメッセージを作る

```
print("こんにちは、", user_name, "さん！")
```

あらかじめgreeting_messageにメッセージを用意しておくのではなく、
printで出力するときにメッセージを作る、というやり方もできます。print関
数は、カンマでつないで( )内にいくつも値を用意しておけます。こうすることで、
それらをひとまとめにして表示させることができます。

これらのことは、「問題を解決する方法は1つだけじゃない」ということを示して
います。プログラミングでは、何かを作るとき、いくつものやり方があるのが普通
です。「たった一つのやり方しかありえない」ということは、実はそんなに多くあり
ません。
　この先、少しずつプログラムが難しくなっていくと、自分で考えたやり方ではう
まくいかないことも出てくるでしょう。そんなとき、「どこが間違っているのか」を
考えて解決するのも大切ですが、「全く別のやり方があるのではないか？」というこ
とも考えてみるといいでしょう。問題解決の道は幾通りもあるはずだ、ということ
を頭の片隅に入れておいてください。

Chapter 4

数字と文字列を操作しよう

この章のポイント
- 文字列と数字を組み合わせて使うときのポイントを理解しましょう。
- 整数と実数を使った計算の注意点をチェックしましょう。
- 文字列のスライスや検索置換のやり方を覚えましょう。

01 文字列と数字を組み合わせよう
02 入力値の2倍を計算する
03 整数と浮動小数
04 文字列を操作しよう
05 文字列の一部を取り出す
06 文字列の検索・置換をしよう

01 文字列と数字を 組み合わせよう

　前章で、数字や文字列といった基本的な値を扱えるようになりました。ここでは、様々な値の使い方をさらに考えていくことにしましょう。

　まずは、「異なる値を組み合わせる」ということを考えてみましょう。前章で、inputというものを使ってユーザーから入力をしてもらう方法を覚えましたね。これを利用し、入力した値を使って計算するプログラムを考えてみましょう。

　前章でAIが作ったサンプルコードを元に、入力した数字に1を足すコードを考えてみました。

リスト4-1-1

```
01  num = input("数字を入力して下さい:")
02  result = num + 1
03  message = num + "を1増やすと、" + result + "です。"
04  print(message)
```

図4-1-1　実行すると数字を入力した後でエラーになってしまった

inputで値をユーザーに入力してもらい、num + 1を変数resultに代入します。そして、これらの変数を使って表示するメッセージを作って変数messageに代入し、最後にprintで表示をします。特に問題はないような気がしますね。

では、これをColabのセルに書いて実行してみましょう。すると、数字の入力は問題なくできますが、入力して [Enter] キーを押すとエラーになってしまいました。

💡 エラーメッセージをチェック！

エラーになると、以下のようなテキストがエラーメッセージとして表示されるのがわかるでしょう。なお、<ipython-input-……>のところの値はそれぞれ異なっているでしょうが問題ありません。

```
01  TypeError  Traceback (most recent call last)
02  <ipython-input-4-df88f93a44bf> in <cell line: 2>()
03      1 num = input("数字を入力して下さい:")
04  ----> 2 result = num + 1
05      3 message = num + "を1増やすと、" + result + "です。"
06      4 print(message)
07
08  TypeError: can only concatenate str (not "int") to str
```

どうやら「TypeError」というエラーが2行目のresult = num + 1で起こっているようです。「can only concatenate str (not "int") to str」とメッセージがありますね？ 日本語にすると、「str（「int」ではない）を str に連結することしかできません。」といった意味になります。これは一体、どういうことなのでしょう。

💡 文字列は文字列としか足し算できない

なぜ、エラーになったのか。それは2行目の「num + 1」という計算式に問題があります。numの値は、文字列です。「え？ 100って数字を入力したよ？」と思った人。それは「100という数字」ではありません。「100という文字列」なのですよ。つまり、100ではなくて"100"なのです。

inputは、ユーザーから文字列を入力してもらうものです。入力した値は、すべて文字列のデータ型として変数に代入されます。数字を書いても、値そのものは文字列なのです。

Pythonでは、文字列と数字を＋記号で足すことはできません。このためエラーになったのです。

💡 エラーの説明をしてもらう

では、このエラーはどうやって解決すればいいんでしょうか。頭を抱えて悩む前に、エラーメッセージ部分をよく見てください。「エラーの説明」というボタンが追加されていませんか？ 「Colab AI」の機能がONになっていると、AIを使ってエラーを説明するためのボタンが用意されるのです。このボタンを押すと、チャットパネルが開かれ、そこにエラーの内容が説明されます。

このチャットパネルで、エラーがなぜ起きたか説明してくれます。そして、おそらく修正案のサンプルコードも表示されることでしょう。

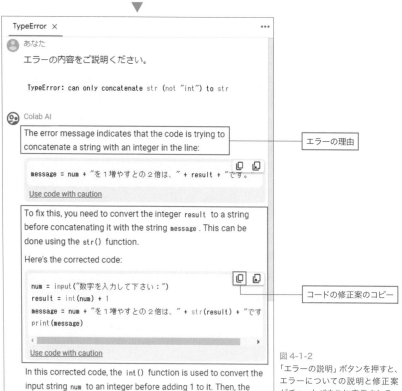

図 4-1-2
「エラーの説明」ボタンを押すと、エラーについての説明と修正案がチャットパネルに表示される

ただし、エラーメッセージが英語であるため、説明文も英語で表示されるかもしれません。このような場合は、改めて「日本語で説明して」とプロンプトを送ってやれば、日本語で説明が返ってきます。

　返ってきた説明を見ると、こんなことが書いてありました。

 ChatGPT

コードが失敗したのは、文字列と整数を連結しようとしたからです。 …… 中略 ……
修正されたコードでは、int()関数を使って入力文字列numを整数に変換してから、1を加えています。

　修正するには、「int」という関数を使って、numの値を整数に変換すればいい、ということのようですね。

　Pythonには、あるタイプの値を別のタイプの値に変換する機能があります。これを利用して、文字列型の値を整数型の値に変えて足し算すればいいのですね。

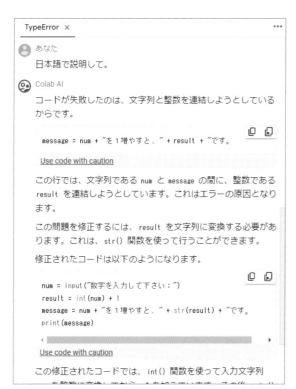

TypeError ×

あなた
日本語で説明して。

Colab AI
コードが失敗したのは、文字列と整数を連結しようとしているからです。

```
message = num + "を1増やすと、" + result + "です。
```

Use code with caution

この行では、文字列である num と message の間に、整数である result を連結しようとしています。これはエラーの原因となります。

この問題を修正するには、result を文字列に変換する必要があります。これは、str() 関数を使って行うことができます。

修正されたコードは以下のようになります。

```
num = input("数字を入力して下さい：")
result = int(num) + 1
message = num + "を1増やすと、" + str(result) + "です。
print(message)
```

Use code with caution

この修正されたコードでは、int() 関数を使って入力文字列

図 4-1-3　「日本語で説明して」と送れば日本語でエラーの説明が表示される

AIによる修正案

チャットパネルに表示された説明には、修正案のサンプルコードも掲載されていたのではありませんか。おそらく、以下のようなコードが作成されていることでしょう。入力してみましょう。

リスト4-1-2

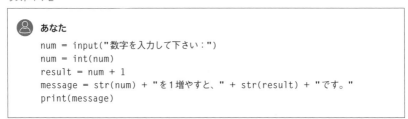

```
あなた
num = input("数字を入力して下さい：")
num = int(num)
result = num + 1
message = str(num) + "を1増やすと、" + str(result) + "です。"
print(message)
```

```
num = input("数字を入力して下さい：")
num = int(num)
result = num + 1
message = str(num) + "を1増やすと、" + str(result) + "です。"
print(message)


数字を入力して下さい：100
100を1増やすと、101です。
```

図4-1-4　修正案のコードを実行すると、問題なく動くようになった

今度は、数字を入力するとちゃんと1が加算された答えが表示されるようになりました。では、どのように修正されたのか確認してみましょう。2行目の文は、このようになっていますね。

```
num = int(num)
```

intというものを使っています。これも関数と呼ばれるもので、文字列を数字に変換してくれます。これで文字列だったnumの値が整数に変わりました。

実は、修正したのはここだけではありません。もう1つ、4行目のコードも修正されています。

```
message = str(num) + "を1増やすと、" + str(result) + "です。"
```

足し算した結果のresultを「str」というもので文字列に変換しているのです。

このstrも、関数です。これで結果を文字列にして＋でつなぐことでエラーが起きないようにしているのですね。

```
num = input(" 数字を入力して下さい： ")
      input()は文字列として入力を受け取る

num = int(num)
      numを数値にする

result = num + 1
         数値同士で足し算する

message = str(num) + " を1増やすと、" + str(result) + " です。"

         numとresultを文字列にして、文字列同士で足し算する
print(message)
```

図4-1-5　int()とstr()で値のタイプを変換する

値を変換する関数

このような「値を別のタイプに変換する」という関数は、他にもあります。主なデータ型の変換用関数をここで整理しておきましょう。

用途	関数
値を文字列にする	str(値)
値を整数にする	int(値)
値を浮動小数にする	float(値)
値を真偽値にする	bool(値)

引数の( )部分には、どんなタイプの値を入れても構いません。これで基本的なタイプの値であれば自由に変換できるようになりました！

このように、関数を使うなどして値のタイプを別のタイプに変換することを「型変換」あるいは「キャスト」といいます。値のキャストは、慣れないうちは一番引っかかる部分です。「異なるタイプの値と一緒に利用するときはキャストしてタイプを揃える」という基本をしっかり頭に入れておきましょう。

02 入力値の2倍を計算する

　では、今度は入力した数字の2倍を計算するコードを考えてみましょう。先ほどのコードを修正して、こんな具合に考えてみました。

リスト4-2-1

```
01  num = input("数字を入力して下さい:")
02  result = num * 2
03  message = num + "の2倍は、" + result + "です。"
04  print(message)
```

　今回もやっぱりintやstrで値の変換をしていないので、エラーになってしまうかもしれませんね。セルにコードを書いて実行し、「100」と入力して [Enter] キーを押すと……あれ？　エラーにはならず、「100の2倍は、100100です。」と表示されてしまいました。

　エラーも起こらずちゃんと動いてはいますが、予想したものとは違う結果になってしまいましたね。今回は、なぜエラーが起きなかったのでしょう。そして、なぜ「200」ではなく「100100」になったのでしょうか。

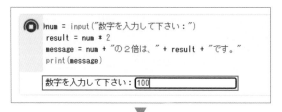

図4-2-1
「100」と入力すると、答えは「100100」になってしまった

文字列は掛け算もできる！

　なぜ、エラーにならずに予想と違う結果になったのか。それは、2行目の「result = num * 2」にあります。これ、「numの2倍を計算する」ものではありません。「numの文字列を2つつなげる」ものだったのです！

　実は、文字列は「掛け算」もできるのです。掛け算は、その文字列を指定の数だけ繰り返しつなげたものを作ります。例えば、こういうことですね。

```
"Hello" * 3  →  "HelloHelloHello"
```

このため、result = num * 2ではnumの文字列を2つ繰り返した文字列がresultに代入されていたのです。

このように、プログラムというのは「エラーが起きなければ正しく動く」とは限りません。問題なく動いても、考えていたのとは違う結果になってしまうこともあります。このような場合は、エラーになるよりも問題の解決が難しいのです。これも「文字列は掛け算できる」ということを知らなかったら、どこが問題なのかわからなかったかもしれません。

「エラーが表示される」というのは、実はとてもありがたいことなんですよ。なぜって、「ここで問題が起きている」ということを知らせてくれるのですから。

🔆 コードを修正しよう

では、今のコードを修正してちゃんと動くようにしてみましょう。修正の仕方はわかりますか？　そう、入力された値を「int」で整数に変換して、計算結果をまた文字列にして表示すればいいんでしたね。

リスト4-2-2

```
01  num = input("数字を入力して下さい:")
02  result = int(num) * 2
03  message = f"{num}の2倍は、{result}です。"
04  print(message)
```

図 4-2-2　今度は正しい結果が表示されるようになった

2行目を「result = int(num) * 2」というようにして数字の2倍が計算されるようにしました。またメッセージの作成は、前章で使った「f文字列」を使って変数numとresultを埋め込んで作ってみました。何かを行うやり方は1つとは限りません。「タイプの異なる値を1つの文字列にまとめる」方法は、strで文字列に変換して足し算してもいいし、f文字列を利用してもいいでしょう。

03 整数と浮動小数

　意外と注意が必要なのが「数字」どうしの計算です。「数字」の値、といってしまうと、数字を表す1つのタイプがあるように錯覚してしまいますが、既に説明したようにPythonに用意されている数字のタイプは2つあります。整数（int）と実数（浮動小数、float）です。

　整数を使った計算は結果も整数になりますし、実数どうしの計算は結果も実数になります。わかりやすいですね。「どういうタイプの値を使って計算するか」をよく考えていれば、得られる結果の値がどんなタイプになるのかもわかるわけです。ただし！　ここに一つだけ例外が混じっているので注意が必要です。

　計算結果のタイプにおける例外、それは「割り算」です。「/」記号を使った割り算は、例え整数どうしの計算でも結果は実数になります。例えきちんと割り切れても、です。実際に試してみましょう。

リスト4-3-1

```
01 print(10 / 2)
02 print(10 // 2)
```

```
1  print(10 / 2)
2  print(10 // 2)

5.0
5
```

図4-3-1　1つ目は「5.0」に、2つ目は「5」になる

　これは、10 ÷ 2 の結果を表示するサンプルですね。これをColabのセルに書いて実行してみましょう。すると、1行目に「5.0」、2行目に「5」と表示されます。10 / 2の結果は5.0で、10 // 2は5になるのです。同じ値ですが、2つは違います。「5.0」というのは「5の実数（float値）」を示します。整数の5ではないのです。

　実数の値は、このように必ず小数点がつけられます。整数で割り切れている場合も、「.0」がつけられるのですぐにわかります。

異なるタイプの計算

では、異なるタイプの値を計算する場合、どうなるでしょうか。整数と実数を組み合わせた計算を行うサンプルを書いてみましょう。

リスト4-3-2

```
01  price = input("金額を入力:")
02  tax = int(price) * 0.08
03  print(f"{price}の税額は、{tax} です。")
```

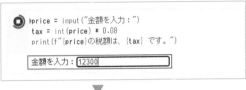

図 4-3-2　金額を入力すると、税額が表示される

これは、金額を入力するとその消費税額を計算するサンプルコードです。これまで作成したコードを少しアレンジしただけですからわかりますね。inputで金額を入力し、int(price) * 0.08で入力値を整数に変換して0.08をかけています（ここでは軽減税率の8％を計算させてみました）。0.08は実数です。これで、「整数×実数」という計算式ができましたね。

これを実行すると、金額と税額が出力されます。この税額を見ると「〜.0」というように小数点とゼロがついており、実数（float）の値であることがわかります。

このように整数と実数を組み合わせた計算の場合、結果は実数になります。「タイプの異なる値どうしは計算できないのでは？」と思った人。実は、数字の計算に関しては、整数と実数のタイプが混在していても問題なく計算できます。このような場合、結果は実数になります。

小数点以下の扱い

数字の計算の場合、特に注意したいのが「端数の扱い」です。例えば先ほどの税額計算のコードでは、細かい数字を入力すると小数点以下まで含めた金額が表示されます。普通はこれで問題ないでしょうが、金額を計算する場合、小数点以下の値があるのは問題でしょう。

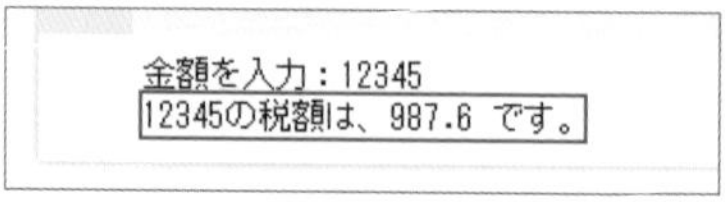

```
金額を入力：12345
12345の税額は、987.6 です。
```

図 4-3-3　小数点以下の金額が表示されてしまう

このような場合、計算結果を int で整数にして表示すれば端数を切り捨てることができます。金額などの計算の場合、基本的に「端数は切り捨て」でしょうからこれで問題ありません。

ただ、データの集計のような場合、「小数点以下は切り捨て」としてしまうと、データが小さい方に偏ってしまうことになります。これはよくありません。

このような場合は、「round」というものを利用します。これは小数点以下を丸めるための関数です。

小数点以下を丸める

```
round( 数値 )
```

このように実行すると、引数に用意した実数の値を整数にすることができます。int で整数にするのと違い、このround は整数に値を丸めます。「丸める」というのは、「近い整数にする」ということです。感覚的には、四捨五入と同じような働きをすると思っていいでしょう。

切り捨ては int で整数化、四捨五入は round を使う。これが実数を整数にするときの基本と考えていいでしょう。

◎ COLUMN　roundは四捨五入ではない？

ここではわかりやすいように「round は四捨五入だ」といいましたが、実をいえばこれは正確ではありません。round は四捨五入のように小数点以下をより近い整数に丸めます。が、注意が必要なのは「0.5」の扱いです。

四捨五入なら、0.5は1になるでしょう。しかしround では、0.5は「近い偶数値」に丸められます。例えば、こういう具合です。

```
0.5  →  0      1.5  →  2      2.5  →  2      3.5  →  4
```

このようにすることで、データを丸める際に発生する偏りが極力発生しないようにしているのです。

04 文字列を操作しよう

続いて、テキスト（文字列）の値についてです。文字列の操作というのは、プログラミングにおいては数字の計算に近いほどによく利用される処理です。しかも、けっこう扱いが面倒なものも多かったりするのですね。

まずは基本として、アルファベットの大文字と小文字の変換から見ていきましょう。新しいセルを用意し、以下のように記述してください。

リスト4-4-1

```
01 message = input('英文を入力:')
02 upper_str = message.upper()
03 lower_str = message.lower()
04 print(upper_str)
05 print(lower_str)
```

図 4-4-1
実行すると、入力テキストをすべて
大文字・小文字に変換する

セルを実行し、適当な半角アルファベットの言葉を入力してみてください。それをすべて大文字にしたものと小文字にしたものが出力されます。

ここでは「upper」「lower」というものを使って、文字列をすべて小文字や大文字にしたものを作成しています。messageの文字列をいろいろと変換したものをいろいろな形に変換しているのがわかりますね。

「メソッド」とは？

このupperやlowerは、関数とは違います。関数というのは、()内に値を指定するようにして書いていましたが、upperとlowerは違いますね。これらは、こんな形で書いています。

```
01 message.upper()
02 message.lower()
```

　upperやlowerの()内にmessageを用意するのではなく、変数messageの後に「.upper」「.lower」と書いています。これは一体、どういうものなのでしょうか。AIに聞いてみましょう。

リスト4-4-2

 あなた
Pythonのupperやlowerはどういうものですか。簡単に説明してください。

 ChatGPT
upper()およびlower()は、Pythonの文字列メソッドであり、文字列の文字を大文字または小文字に変換するために使用されます。

　upperやlowerは、「Pythonの文字列メソッド」というものだそうです。文字列メソッド？　メソッドって一体、何でしょうか。よくわからないことは、なるべくわかりやすく説明してもらいましょう。

リスト4-4-3

 あなた
メソッドとは何ですか。小学生にわかるように説明して。

 ChatGPT
メソッドはオブジェクトが持っている「できること」や「する動作」のことです。オブジェクトは、例えば文字列や数字、リストなど、プログラムで扱うデータの塊のことです。

メソッドは、そのオブジェクトに対して何かしらの役立つ動作をするもので、そのオブジェクトに対して特有の機能や操作を提供します。例えば、文字列オブジェクトには文字列を大文字にするupper()メソッドや小文字にするlower()メソッドがあります。

　どうやらメソッドというのは、オブジェクトの持っているさまざまな機能のことのようですね。さまざまな動作が「メソッド」と呼ばれるものとしてオブジェクトに入っている、ということのようです。

「オブジェクト」とは？

　では、「オブジェクト」というのはどういうものなんでしょうか。これもAIに質問してみることにしましょう。

リスト4-4-4

 あなた
オブジェクトとは何ですか。小学生にわかるように説明して。

 ChatGPT
オブジェクトは「もの」や「物」のことです。日常生活で触れるものや使うもの、考える対象などがオブジェクトと呼ばれることがあります。

例えば、机や椅子、鉛筆、果物、動物、自転車など、身の回りにある物体はオブジェクトです。プログラミングの世界でも、データや情報を「もの」として扱うことがあり、それがオブジェクトと呼ばれます。

オブジェクトはプログラムの中で「もの」を表現し、そのものに特有の情報や機能が付いています。例えば、果物のオブジェクトには「色」や「味」などの情報があり、それに対して「食べる」といった機能が付いているかもしれません。

　なるほど、さまざまな「もの」を表すプログラムの中の要素が「オブジェクト」ということなのですね。そしてオブジェクトの中に入っている機能や動作などが「メソッド」である、と。だいぶわかってきました。
　もう少し整理して説明してもらいましょう。

リスト4-4-5

 あなた
Pythonにおけるオブジェクトとメソッドについて、小学生でもわかるように説明して。

 ChatGPT
もちろんです！Pythonにおけるオブジェクトとメソッドを小学生向けに説明します。

オブジェクト：
オブジェクトは、プログラミングで使われる「もの」や「物」のことです。例えば、数字や文字列、リスト（複数のデータを並べたもの）などがオブジェクトです。それぞれのオブジェクトは、自分に特有の情報や機能を持っています。

メソッド：
メソッドは、オブジェクトが持っている「できること」や「する動作」のことです。例

えば、文字列オブジェクトには文字列を大文字に変える upper() メソッドや小文字に変える lower() メソッドがあります。これらのメソッドを使うことで、文字列オブジェクトに対してさまざまな操作をすることができます。

例えば、次のような感じです：

オブジェクト：フルーツ（果物）

・情報：フルーツの名前、色、味など
・メソッド：食べる、切る、ジュースにするなど

オブジェクト：数字（Number）

・情報：数字の値
・メソッド：足す、引く、かける、割るなど

オブジェクト：文字列（String）

・情報：文字の並び
・メソッド：大文字にする、小文字にする、結合するなど

プログラムを書くとき、私たちはこれらのオブジェクトを使って、それらが持っているメソッドを呼び出すことで、様々なことを行います。例えば、「Hello」という文字列オブジェクトには upper() メソッドがあり、これを呼び出すと文字列が「HELLO」に変わります。

フルーツ、数字、文字列といったものをオブジェクトとして説明しています。フルーツというものには「食べる」「切る」というような動作があります。それと同じように、文字列というオブジェクトには「大文字にする」「小文字にする」といった動作がある。それらが、先ほどの「upper」「lower」だったのですね！

図 4-4-2
オブジェクトの中には、さまざまな機能がメソッドとして用意されている

💡 オブジェクトとメソッドの呼び出し

このように、メソッドというのはさまざまなオブジェクトの中に組み込まれていて、それを呼び出すことでオブジェクトを操作することができます。これは以下のように記述をします。

```
オブジェクト.メソッド( 値 )
```

メソッドも、関数と同じように名前の後に引数の()を記述します。通常この()には、そのメソッドを実行するときに必要な値を用意します。しかし、upperやlowerは特に値が必要ないので()だけで何も値はありません。こういう値がないメソッドも、()だけはつけないといけません。

メソッドは、呼び出しているオブジェクトを操作します。message.upper()ならば、messageという変数に入っている文字列がオブジェクトです。そしてupperを呼び出すことで、この文字列を操作した(すべて大文字にした)ものが作成された、というわけです。

ん? ちょっと待ってください。「文字列がオブジェクト」? 文字列って、ただのテキストのことですよね。それがオブジェクト? ただのテキストの中に、メソッドというものがいっぱい入っている?

実は、そうなのです。Pythonでは、すべての値はオブジェクトとして扱われます。数字も、文字列も、真偽値も、すべてオブジェクトなのです。これらの値の中には、さまざまなメソッドが入っていて、それを呼び出すことで数字や文字列などの値をいろいろと操作できるようになっているのです。

05 文字列の一部を取り出す

　この「値はオブジェクト」ということを知っていると、いろいろな機能の働きが少しずつわかってきます。例えば、文字列の中から一部だけを取り出す方法を見てみましょう。

リスト4-5-1

```
01  message = input('テキストを入力:')
02  start_str = message[0:5]
03  end_str = message[-5:]
04  print(f"{start_str} ~ {end_str}.")
```

```
message = input('テキストを入力:')
start_str = message[0:5]
end_str = message[-5:]
print(f"{start_str} ~ {end_str}.")

テキストを入力：寿限無寿限無五劫の擦り切れ
寿限無寿限無 ~ の擦り切れ.
```

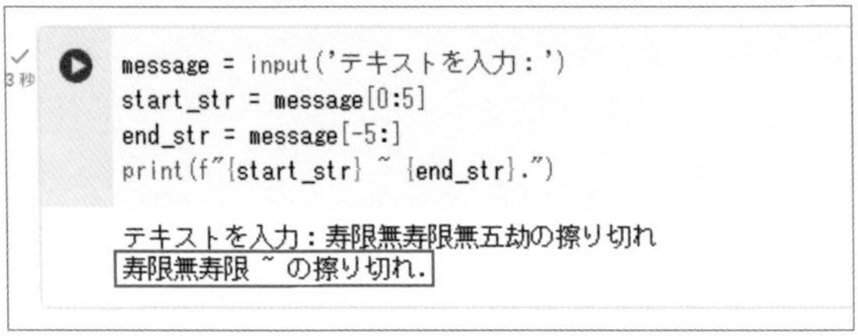

図4-5-1　テキストを入力すると、最初の5文字と最後の5文字を取り出して表示する

　これを実行すると、まずテキストを入力するフィールドが現れます。ここで適当なテキスト（10文字以上あるといいでしょう）を記入して［Enter］キーを押すと、その最初の5文字と最後の5文字を取り出して表示します。日本語でもちゃんと動きます。

✐ スライスについて

　ここでは、inputでテキストを入力した後、以下のようにして最初と最後のテキストを取り出しています。

最初の5文字

```
start_str = message[0:5]
```

最後の5文字

```
end_str = message[-5:]
```

messageの後に[0:5]とか[-5:]といったものがつけられていますね。これが、
文字列の一部を取り出すためのポイントです。

これは「スライス」と呼ばれるものです。スライスは、文字列の一部を指定して
取り出すのに使われる機能です。どういうものか、AIに教えてもらいましょう。

リスト4-5-2

 あなた
文字列のスライスについてわかりやすく教えて。

 ChatGPT
文字列は文字の順序付きの集まりで、各文字には位置（インデックス）があります。例え
ば、"Hello, World!" という文字列があるとしましょう。

```
my_string = "Hello, World!"
```

文字列のスライスの基本:
文字列をスライスするとは、文字列の中から一部を取り出すことです。スライスは次の
ように書きます。

```
# 開始位置から終了位置までの文字を取り出す
substring = my_string[開始位置:終了位置]
```

例1: 開始位置から終了位置までの文字を取り出す

```
my_string = "Hello, World!"
substring = my_string[0:5]
print(substring)
```

このコードでは、**my_string[0:5]**と書いているので、開始位置0から始まり、終了位
置5までの文字を取り出します。結果は "Hello" です。

例2: 省略を使って簡略化する
開始位置や終了位置を省略すると、それぞれ文字列の最初や最後を意味します。

```
# 最初から5番目までの文字を取り出す
substring = my_string[:5]
print(substring)
```

このコードでは、**my_string[:5]**と書いているので、文字列の最初から5番目までの
文字を取り出します。結果も"Hello"です。

文字列というのは、文字がずらっと並んだものです。Pythonでは、文字列の1
つ1つの文字に「インデックス」という番号が割り振られています。この番号を使っ
て、文字列の後に[開始位置：終了位置]というように書くと、指定した範囲の文字
が取り出せるのです。これが「スライス」です。

　[0:5]と書くと、最初から4文字目までを取り出します。インデックスというの
はゼロから始まるので、最初の文字のインデックスはゼロになります。[0:5]とい
うのは、「インデックスのゼロから5の手前まで」を示しています。つまり、0, 1, 2,
3, 4の計5文字が取り出されたわけですね。

　また、[-5:]は、「終わりから5文字前から最後まで」を示しています。-5は、「最
後から数えて5つ目」を示しています。また、[-5:]では終了位置の値が書いてあ
りませんが、こうすると「一番最後の文字」が指定されます。つまり、[-5:]で「最
後の5文字」が指定できるのです。

　こんな具合に、スライスを使うことで文字列の中の一部だけを自由に取り出せる
ようになります。

図4-5-2　文字列は、1文字1文字が並んでいる。番号でその一部を指定できる

06 文字列の検索・置換をしよう

　文字列を操作するということを考えたとき、ぜひ覚えておきたいのが「検索」と「置換」です。これらが使えるようになれば、文字列を自由に操作できるようになります。

　まずは検索からです。Pythonで検索を行うにはどうすればいいのでしょうか。AIにコードを書いてもらいましょう。こういうときは、ただ「コードを書いて」ではなく、どのぐらいのレベルのものかわかるようにしておきます。

リスト4-6-1

 あなた
文字列から文字列を検索するシンプルなコードを考えて。

 ChatGPT
文字列から文字列を検索するためには、Pythonの `find()` メソッドや `in` キーワードを使用できます。以下にシンプルな例を示します。

1. find() メソッドを使った例

```
# 元の文字列
original_string = "Pythonは素晴らしい言語です。"

# 検索対象の文字列
search_string = "素晴らしい"

# 文字列中での検索
index = original_string.find(search_string)

# 検索結果の表示
if index != -1:
    print(f"文字列 '{search_string}' は {index} 番目に見つかりました。")
else:
    print(f"文字列 '{search_string}' は見つかりませんでした。")
```

2. in キーワードを使った例

```
# 元の文字列
original_string = "Pythonは素晴らしい言語です。"

# 検索対象の文字列
search_string = "素晴らしい"
```

Chapter 4

```
# 文字列中での検索
if search_string in original_string:
    print(f"文字列 '{search_string}' は見つかりました。")
else:
    print(f"文字列 '{search_string}' は見つかりませんでした。")
```

どちらの方法も、指定した文字列が元の文字列中に存在するかどうかを確認するものです。find()メソッドは見つかった場合にインデックスを返し、見つからない場合は -1 を返します。inキーワードは、指定した文字列が他の文字列に含まれている場合にTrueを返し、含まれていない場合にFalseを返します。

　今回生成されたサンプルでは、次の章で説明する予定の「if」というものが使われています。これはもう少し先に進めばわかるようになるので、今は文字列の検索に関する部分だけ見ておくことにしましょう。他の部分は、今は気にしないでください。

　今回のプロンプトでは2つの方法を教えてくれました。1つは「find」というメソッドを利用する方法です。これは以下のように呼び出します。

```
文字列.find( 検索文字列 )
```

　こんな具合に、findの引数に検索する文字列を指定して呼び出すと、その文字がある位置（インデックス）が得られます。もしも文字が見つからなければ、結果は「-1」になります。

　もう1つ、「in」というものも説明していますね。これは「文字列があるかどうか」を調べるものです。例えば、このように使います。

```
文字列A in 文字列B
```

　文字列Bの中に、文字列Aがあるかどうかを調べます。もし、あればTrueという値を、なければFalseという値を返します。TrueとFalseというのは「真偽値」という値でしたね。こんな具合に、二者択一の状況を表すのに真偽値はよく使われます。

 検索を試そう

　では、AIが生成したサンプルコードを元にして、少しだけ修正したものを動かしてみましょう。新しいセルに以下を記述してください。

リスト4-6-2

 あなた
```
# 元の文字列
original_string = "Pythonは素晴らしい言語です。"

# 検索対象の文字列
search_string = input("検索文字：")

# 文字列中での検索
index = original_string.find(search_string)

# 検索結果の表示
print(f"文字列 '{search_string}' は {index} 番目に見つかりました。")
```

```
検索文字：言語
```

▼

```
検索文字：言語
文字列 '言語' は 12 番目に見つかりました。
```

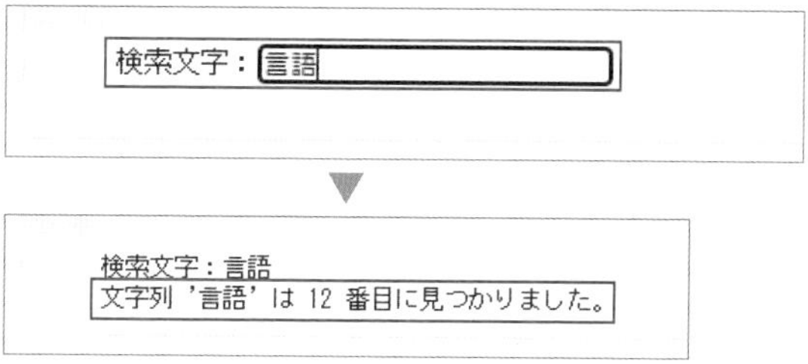

図4-6-1　検索するテキストを入力すると、それがある位置を表示する

　ここでは "Pythonは素晴らしい言語です。" という文字列から別の文字列を検索します。実行したら、検索する文字列を入力してください。ここでは「言語」と入力しました。その文字列がどこにあるのかを、インデックスで表示します。
　ここでは、input で検索文字列を入力した後、以下のようにして検索しています。

```
index = original_string.find(search_string)
```

　文字列の「find」というメソッドを呼び出すことで、検索文字列がある場所がわかります。見つからなければ結果は-1になるので、これもわかりますね。

文字列を置換する

次は、「置換」です。これも使い方をAIに教えてもらうことにしましょう。

リスト4-6-3

 あなた

文字列から文字列を検索し、別の文字列に置換するシンプルなコードを考えて。

ChatGPT

Pythonでは、文字列から特定の文字列を検索して別の文字列に置換するために、`replace()`メソッドを使用できます。以下はシンプルな例です。

```python
# 元の文字列
original_string = "春はあけぼの、夏は夜"

# 検索対象の文字列
search_string = "春はあけぼの"

# 置換する文字列
replacement_string = "秋は夕暮れ"

# 文字列の中から詩文字列を検索して置換
modified_string = original_string.replace(search_string,
replacement_string)

# 結果を表示
print(modified_string)
```

このコードでは、`replace()`メソッドを使って`original_string`中の`search_string`を`replacement_string`に置換しています。置換する文字列が複数回出現する場合、すべての出現箇所が置換されます。もしも最初の出現箇所のみを置換したい場合は、`replace()`メソッドの第三引数に置換回数を指定することができます。

```python
# 最初の出現箇所のみを置換
modified_string = original_string.replace(search_string,
replacement_string, 1)
```

このようにすると、最初の出現箇所のみが置換されます。

置換は、文字列の「replace」というメソッドで行えることがわかりました。これは以下のようにして呼び出すようですね。

```
文字列.replace( 検索文字列, 置換文字列 )
```

これで、文字列から検索文字列を探し、それをすべて置換文字列に置き換えたものを作成します。文字列を2つ用意するだけで、すべての検索文字列を置換してくれるのですね。また3つ目の引数として数字を指定すると、その回数だけ置換をしてくれることもわかりました。

置換を試してみよう

　では、AIが生成したサンプルコードを少し修正して、置換を行うコードを作ってみましょう。新しいセルを用意し、以下を記述してください。

リスト4-6-4

```
01  # 元の文字列
02  original_string = input("元のテキスト:")
03
04  # 検索対象の文字列
05  search_string = input("検索文字:")
06
07  # 置換する文字列
08  replacement_string = input("置換文字:")
09
10  # 文字列の中から詩文字列を検索して置換
11  modified_string = original_string.replace(search_string, ➡
    replacement_string)
12
13  # 結果を表示
14  print(modified_string)
```

```
元のテキスト：瓜売りが瓜売りに来て瓜売り残し瓜売り帰る瓜売りの声。
検索文字：瓜
置換文字：スイカ
スイカ売りがスイカ売りに来てスイカ売り残しスイカ売り帰るスイカ売りの声。
```

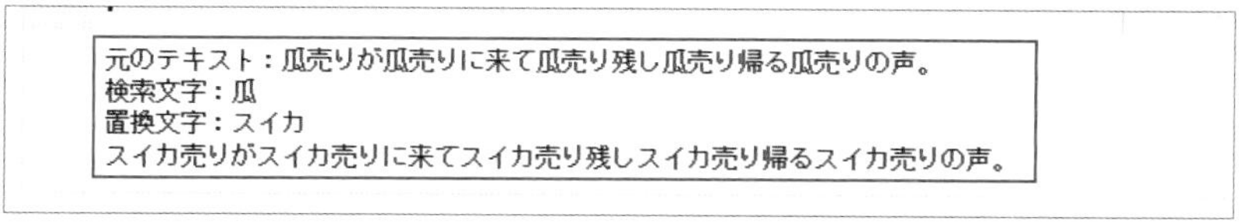

図4-6-2　元のテキスト、検索文字、置換文字をそれぞれ入力して置換を行う

　ここでは元のテキスト、検索文字、置換文字をすべてinputで入力するようにしました。それぞれのテキストを入力し、ちゃんと置換できるか確かめましょう。

　ここでは、original_string、search_string、replacement_stringといった変数にそれぞれ元のテキスト、検索文字、置換文字を代入しています。そして元のテキストであるoriginal_stringから以下のようにreplaceメソッドを呼び出しています。

```
modified_string = original_string.replace(search_string, ➡
replacement_string)
```

　元のテキスト、検索文字、置換文字をそれぞれどう使うかがわかれば、それほど
難しくはありませんね。「元のテキストからreplaceメソッドを呼び出す」「検索と
置換の文字を引数に用意する」というのが基本です。「あれ？　どの文字列から
replaceを呼び出すんだっけ？」などと迷わないで済むよう、しっかりと覚えましょ
う。

```
modified_string =
置換された後の文字列が代入される

original_string.replace(search_string, replacement_string)
元のテキスト（文字列）　　　　　検索文字列　　　　置換文字列
```

図4-6-3　replace()メソッドの動き

Chapter 5

条件で分けたり、繰り返したりしよう

この章のポイント
- if を使った条件分岐の使い方をマスターしましょう。
- 条件の作り方、使い方をしっかり理解しましょう。
- while による繰り返しを使ってみましょう。

01　条件をチェックして実行しよう
02　ifの「条件」ってどういうもの？
03　ifを使ったサンプルを作ろう
04　elseで「満たされないときの処理」を用意しよう
05　２つ以上の分岐を作ろう
06　条件を満たすまで繰り返そう
07　指定した範囲で繰り返そう

01 条件をチェックして実行しよう

　基本的な値の扱いについてはだいぶわかってきましたね。では、「値」が使えるようになったら、次に覚えるべきは何でしょうか。

　それは、「構文」です。構文というのは、プログラムの書き方のルールのことです。「こういう形で書くとこういう働きをする」というルールが、プログラミング言語にはいろいろと用意されています。中でも重要なのが「制御構文」と呼ばれるものです。これは、プログラムの流れを制御するためのものです。

　プログラムというのは、「最初から最後まで書いてあることを順に実行して終わり」というものしかないわけではありません。必要に応じて様々な処理を実行したり、あるいは用意した処理を何度も繰り返し実行したりすることもあります。こうしたことを行うために用意されているのが「制御構文」です。

　制御構文には、大きく2つの種類があります。それは「条件分岐」と「繰り返し」です。

- **条件分岐** …条件に応じて実行する処理を変えるためのもの
- **繰り返し** … 必要に応じて決まった処理を繰り返すためのもの

　この2種類の構文が使えるようになれば、どんなプログラムでも作れるようになります。どんなものでも？　そう、その通り！

　世の中には、猛烈に複雑で難しいプログラムもたくさんあります。が、そんなものでも、その中で使っている制御構文は「条件分岐」と「繰り返し」だけなのです。この2種類の構文をマスターできれば、どんな高度なプログラムも（理屈の上では）作ることができるのですよ。

条件が満たされたら処理を行う

　まずは「条件分岐」から行ってみましょう。条件分岐は、条件によって実行する処理を設定するためのものです。条件が満たされたら何かをする、というようなものですね。

　では、どうやってこれを行えばいいのでしょうか。AIに聞いてみましょう。といっても、何をどう質問すればいいのかわからない、という人も多いかもしれません。

　こういうときは、最初から明確なプロンプトを書けなくとも構いません。漠然とした書き方でいいので質問してみましょう。

あなた
条件が満たされたら処理を実行させたい。

 ChatGPT
条件が満たされたら処理を実行させるには、Pythonのif文を使用します。以下は基本的な例です。

```
# 条件が満たされた場合の処理
if 条件:
    # 条件が真のときに実行するコード
    処理
```

ここで、**条件**は真偽値（`True`または`False`）を評価できる式や条件文です。もし**条件**が真の場合、その後のコードブロックが実行されます。

例えば、もし変数xの値が10より大きい場合にメッセージを表示するプログラムは以下のようになります。

```
# 変数 x の値が 10 より大きいかどうかを判定
x = 15

# 条件が満たされた場合の処理
if x > 10:
    print("xは10より大きいです。")
```

このプログラムでは、変数xの値が10より大きい場合に**"xは10より大きいです。"**というメッセージが表示されます。

　基本的な書き方から簡単なサンプルコードまでまとめて表示されました。ifという構文は、以下のような書き方をする、ということがわかりましたね。

if構文の書き方

```
if 条件:
    処理
```

　最初に「if 条件:」というようにしてチェックする条件を指定します。その後には、必ずセミコロン（:）記号を付けます。そして改行し、次の行から条件によって実行する処理を記述していきます。

Chapter 5

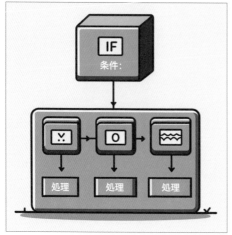

図 5-1-1
if は条件をチェックし、これが成立するなら
処理を実行する

実行する処理はインデントする！

　ここで、最大の注意点です。それは「実行する処理は、前のif〜の文より半角スペースやタブで少し右にずらして書く」ということ。これは「インデント」といいます。少しだけ右にずらすことで、これが「条件が満たされたときに実行する処理だ」とわかるようになっているのです。

　その後に、「ifの処理を終えて、普通に実行する処理部分に戻る」となると、ずらすのをやめて元の位置から文を書くようにします。整理すると、このような感じですね。

```
普通に実行する処理
普通に実行する処理
if 条件:
    条件が満たされたら実行する処理
    条件が満たされたら実行する処理
    条件が満たされたら実行する処理
普通に実行する処理
普通に実行する処理
……
```

　どうですか？　ifの条件が満たされていたら実行する処理の部分だけ、右にズレているのがわかりますね。

　「どれだけずらすか」は、各自で決めて構いません。通常は、半角スペース２〜４個ぐらい入れてずらすのが一般的ですね。また、ずらす幅はすべて同じにしないといけません。

条件が満たされている場合に実行する処理のずらす幅が一定でない例

```
if 条件:
    条件が満たされたら実行する処理
        条件が満たされたら実行する処理
    条件が満たされたら実行する処理
```

例えば、こんな具合に書いてしまうとエラーになります。構文内の処理は、常に同じインデントにしないといけないのです。

 COLUMN　コーディングスタイルとPEP 8について

Pythonのコードは、インデントの幅や長い文の折り返し方などをかなり自由に自分で決められます。このため、はじめのうちは「どうするのが一番いいんだろう？」と悩む人もいることでしょう。

Pythonには、コミュニティによって執筆された「PEP (Python Enhancement Proposal)」というドキュメントが用意されており、その中に「PEP 8」という文書があります。これはPythonの標準ライブラリのコーディング規約ですが、普通のユーザーが自分のプログラムを作成するときにも十分参考になります。

● https://pep8-ja.readthedocs.io/ja/latest/

このPEP 8では、例えば以下のようにコーディングスタイルが提唱されています。

● インデントにはスペース4つを使用する。
● インデントが複数行にわたる場合、継続行は通常のインデントよりもさらに4つのスペースを追加する。
● 1行の文字数は79文字以下に抑える。
● 変数や関数、クラスの命名にはスネークケースを使用する（単語の区切りにはアンダースコアを使う）。
● 定数はすべて大文字で、単語の区切りにアンダースコアを使う。
● 空白の使い方には注意を払う。演算子の前後やコードのブロックの間に適切な空白を入れる。
● コメントは文末には1つの空白を入れる。
● 文字列はシングルクォートまたはダブルクォートのどちらかを統一して使用する。

この他にもさまざまなコーディングスタイルの提唱がされています。ただし、こうした細かな説明の前に、ひときわ大きな文字で書かれている最重要事項があります。それは以下のものです。

「一貫性にこだわりすぎるのは、狭い心の現れである」

どうかくのか正解か？　それは、「あなたが一番書きやすく読みやすいスタイル」です。自分なりのスタイルを見つけましょう。

Chapter 5

02 ifの「条件」ってどういうもの?

　これでif構文の書き方はだいたいわかりました。しかし、肝心のことがまだわかっていません。それは「そもそも、『条件』ってなんなの?」っていうことです。「条件が成立すれば〜」とか、「条件を満たしたら〜」とかいってきましたが、条件って一体、何なんでしょうか。何を用意したらいいの?　どうやって書くの?

　悩んでいる暇があったら、AIに聞きましょう。

リスト5-2-1

あなた
ifの条件とはどういうもの?

ChatGPT
if文の条件は、評価された結果が真 (True) または偽 (False) となる式や条件文です。プログラムは、ifの後に書かれた条件が真である場合、その後に続くコードブロックを実行します。

　なるほど、条件とは「TrueやFalseになる式や文」のこと、つまり「真偽値」(p.052参照) のことだったんですね!　真偽値の変数や式などを条件に設定すれば、その値がTrueだと用意した処理を実行するようになる、ということなのですね!

比較演算の式を使おう

　しかし、「真偽値」というのは、今まで使ったことがありません。日常生活でも、数字やテキストは使いますが、真偽値なんてものは使うことがありませんね。「真偽値の値や式」というのは、具体的にどういうものなんでしょうか。さらにAIに聞いてみます。

リスト5-2-2

あなた
真偽値が得られる式にはどんなものがありますか。

ChatGPT

真偽値が得られる式には、以下のようないくつかの例があります。

1. 比較演算子:
   - == : 等しい
   - != : 等しくない
   - < : 未満
   - > : 超過
   - <= : 以下
   - >= : 以上

　AIの応答では、他にも多数の例が挙げられましたが、とりあえず最初のものだけ見ておきましょう。

　ここでは「比較演算子」というものを使った式が挙げられています。これは、=<>! といった記号を組み合わせたものですね。では、比較演算子について簡単に説明してもらいましょう。

リスト 5-2-3

 あなた
比較演算子とは何ですか。簡単に説明して下さい。

 ChatGPT
比較演算子 (Comparison Operators) は、プログラミング言語で異なる値を比較するために使用される演算子です。これらの演算子は、2つの値を比較し、その結果が真 (True) または偽 (False) であるかを返します。主な比較演算子には以下のものがあります。

1. 等しい (==) :
左辺と右辺が等しい場合にTrueを返します。

```
x = 5
y = 5
result = x == y   # True
```

2. 等しくない (!=) :
左辺と右辺が異なる場合にTrueを返します。

```
x = 5
y = 10
result = x != y   # True
```

3. 未満 (<) :

左辺が右辺よりも小さい場合にTrueを返します。

```
x = 5
y = 10
result = x < y  # True
```

4. 超過（>）:
左辺が右辺よりも大きい場合にTrueを返します。

```
x = 10
y = 5
result = x > y   # True
```

5. 以下（<=）:
左辺が右辺以下の場合にTrueを返します。

```
x = 5
y = 5
result = x <= y  # True
```

6. 以上（>=）:
左辺が右辺以上の場合にTrueを返します。

```
x = 10
y = 5
result = x >= y  # True
```

これらの比較演算子は、条件文や論理演算子と組み合わせて使用され、プログラム内で特定の条件が成り立つかどうかを判定するのに役立ちます。

　どうでしょう、比較演算子というのがどういうものか、だいたいわかってきたのではないでしょうか。

　比較演算子は、2つの数字を比べるためのものです。これは「数字A == 数字B」というように、2つの数字の間に記述することで、数字を比べます。

　「比べる」というのは、「どっちが大きいか教えてくれる」というものではありません。「こっちが大きい？」ということを演算子の記号で指定して「そうだよ（True）」「そうじゃないよ（False）」という結果を受け取る、というものなんですね。

03 ifを使ったサンプルを作ろう

これで、ifを使ったコードの書き方がだいたいわかってきました。「if ○○:」というようにしてifの後に条件を書けばいい、この条件には比較演算子を使って2つの値を比較する式を使うといい、ということでしたね。

基本がわかったら、具体的なコードを作って、実際にどう使うのかを学習していきましょう。サンプルコードの作成はAIの得意とするところです。ただし、単に「ifのサンプルを作って」だと、とてつもなく高度なサンプルを作ってしまうかもしれません。

そこで、「ifは1つだけ」「何かを実行するだけ」「5行以内」といった縛りを指定してサンプルを作らせることにしましょう。

リスト5-3-1

 あなた

ifを1つ使って何かを実行するサンプルを3つ作って下さい。それぞれ5行以内で、100文字程度でコードの説明をつけて下さい。

 ChatGPT

1. 特定の数が3の倍数かどうか判定:

```
number = 12
if number % 3 == 0:
    print(f"{number}は3の倍数です")
```

変数が3の倍数かどうかを判定し、結果を表示します。

2. 特定の条件下でメッセージを表示:

```
is_sunny = True
if is_sunny:
    print("晴れています。外出しましょう！")
```

天気が晴れている場合、外出のメッセージを表示します。

3. 数値が正の場合にのみ2倍にする:

```
value = -8
if value > 0:
    value *= 2
print(f"処理後の値: {value}")
```

> 変数が正の場合にのみ2倍にし、処理後の値を表示します。

　3つのサンプルを作ってくれました。これで、ifの具体的な使い方がわかってきましたね。最初のサンプルを見てみましょう。

リスト5-3-2

```
01  number = 12
02  if number % 3 == 0:
03      print(f"{number}は3の倍数です")
```

　こうなっていました。number % 3と0を==記号で比較しています。比較演算の式は、こんな具合に「式と数字を比べる」ということもできるのですね。==記号の前後に、数字として値が得られる「何か」があればいい、ということなのです。それは値でも変数でも式でも構わないのです。
　AIが生成したサンプルの2つ目では「if is_sunny:」というように変数だけが条件に指定されたものも出てきました。このis_sunnyは、真偽値の変数ですね。比較演算子の式だけでなく、このように真偽値の変数を条件に指定することもできます。

@paramで数字を入力させる

　このサンプルだとnumberが12のケースしかわかりません。numberにいろんな数字を入力できるようにして、はじめてifの働きがわかるようになります。
　これは、inputを使ってもいいのですが、Colabにはもっと便利なものがあるので、これを使ってみましょう。Colabのセルに上記のコードを記述したら、「挿入」メニューから「フォームの項目の追加」というメニュー項目を選んでください。

図 5-3-1
「フォームの項目の追加」メニューを選ぶ

画面にパネルが現れます。これは、フォームの入力項目を作成するためのものです。ここには以下のような項目が用意されています。

フォームの入力項目の種類

項目	説明
フォームフィールドタイプ	入力フィールドの種類を指定します。デフォルトは「input」で、これで普通に値を入力するフィールドが作られます
変数名	変数名を指定します。デフォルトでは「variable_name」になっています
変数タイプ	入力する値のタイプを指定します。今回は「integer」を選んでおきます

新しいフォーム フィールドの追加

フォーム フィールド タイプ
input

変数タイプ
integer

変数名*
variable_name

図 5-3-2　フォーム項目作成のパネルが表示される

これらを設定し、「保存」ボタンを押すと、パネルが閉じられ、セルの最初に以下のようなコードが追加されます。

```
01  variable_name = 0 # @param {type:"integer"}
```

これが、フォーム項目のためのコードです。これが追加されると、セルの右側に「variable_name」と表示された入力フィールドが追加されます。これで、ユーザーが自由に値を入力できるようになります。

図 5-3-3　入力フィールドとコードが 1 行追加された

最初に追加された文は、「variable_name = 0」というように、変数に値が代入されるものです。これ自体は、特に何も変わったところはありませんね。重要なのは、その後にある「# @param {type:"integer"}」というものです。

これは、#で始まりますからコメントです（p.060）。しかし、コメントとして「@param」というものをつけると、Colabはフォーム項目を作って表示し、そこで入力した値を変数に代入するようになるのです。

入力フィールドが表示されますが、Pythonの文としてはただの変数に値を代入する文なので、Colab以外の環境にコピー＆ペーストしても問題なく動きます（ただし、その場合は入力フィールドは現れず、変数に代入した値がそのまま使われます）。またinputと違い、文字列だけでなく数字も入力できます。

コードを修正しよう

これで、variable_nameという変数に、フォームから値を入力できるようになりました。では、この変数を使うようにコードを修正しましょう。

リスト5-3-3

```
01  variable_name = 0 # @param {type:"integer"}
02  if variable_name % 3 == 0:
03    print(f"{variable_name}は3の倍数です")
```

variable_name % 3 == 0をifの条件に指定して、3で割り切れたならメッセージを表示するようにしました。では、実際にフィールドにさまざまな整数を書いてコードを実行してみましょう（使い方は、まずフィールドに値を書いてからセルを実行します）。

入力した整数が3の倍数なら「○○は3の倍数です」と表示されますが、そうでない場合は何も表示されません。ifを使い、「3の倍数」という条件が満たされたときだけメッセージが表示されるようになっていることがわかります。ifは、こんな具合に使うのですね！

図 5-3-4　入力した整数が3の倍数ならメッセージが表示される

04 elseで「満たされないときの処理」を用意しよう

これで「条件が満たされたら何かをする」ということができるようになりました。では、「満たされない」ときは？　例えば、先ほどのサンプルで、「3の倍数でなかったとき」にはそのためのメッセージを表示させる、というときはどうするのでしょうか。

リスト5-4-1

 あなた

ifで、条件を満たしたときと満たさないときで異なる処理を実行する書き方をわかりやすく説明して。

 ChatGPT

if文を使用して条件を満たした場合と満たさない場合で異なる処理を実行するには、else節を使用します。以下に、その基本的な書き方を示します。

```
# 条件が満たされた場合
if 条件:
    # 条件が真の場合に実行されるコード
    処理1
else:
    # 条件が偽の場合に実行されるコード
    処理2
```

ここで、**条件**は真（True）または偽（False）となる式や条件文です。ifの後に続くコードブロック（**処理1**）は、条件が真の場合に実行されます。一方で、elseの後に続くコードブロック（**処理2**）は、条件が偽の場合に実行されます。

例えば、変数xが10より大きい場合には "xは10より大きいです。" と表示し、そうでない場合には "xは10以下です。" と表示するコードは以下のようになります。

```
x = 8

if x > 10:
    print("xは10より大きいです。")
else:
    print("xは10以下です。")
```

このコードを実行すると、変数xの値が条件によって異なるメッセージが表示されます。

なるほど！　ifの構文に「else:」というものをつければいいのですね。これを使った書き方は以下のようになる、ということです。

```
if 条件:
    条件が真の場合に実行されるコード
else:
    条件が偽の場合に実行されるコード
```

　「if 条件:」の後には、条件がTrueのときに実行する処理を、インデントして記述します。そして「else:」をifと同じインデントに戻して書き、その後に条件がFalseのときの処理をインデントして記述します。True時とFalse時の処理のインデントは、どちらも同じ位置に揃えます。そうすることで、ifの構文内の処理がどの部分かわかるようになります。

 条件に応じて異なる処理を実行する

　では、elseを使って条件により異なる処理を実行させるサンプルを考えてみましょう。ここでは3つの簡単なサンプルコードを作らせてみます。
　漠然と「ifを使ったサンプル」では、思ったようなものが作られない可能性がありますね。elseを利用するifの処理というのはどういうものでしょうか。それは、「条件により異なる処理を実行するもの」といっていいでしょう。このように指定してサンプルコードを作らせてみます。

リスト5-4-2

 あなた
　　ifとelseを使って条件により異なる処理を実行するサンプルコードを3つ作って下さい。それぞれ5行以内で、100文字程度でコードの説明をつけて下さい。

 ChatGPT
1. 奇数と偶数で異なるメッセージ表示:

```
num = 7
if num % 2 == 0:
    print(f"{num} は偶数です")
else:
    print(f"{num} は奇数です")
```

変数が奇数なら"奇数"、偶数なら"偶数"と表示します。

2. ポイントに応じて特典表示:

```
loyalty_points = 150
if loyalty_points >= 100:
    print("特別な特典があります!")
else:
    print("通常の特典が利用できます")
```

ポイントが100以上なら特別な特典、それ以下なら通常の特典を表示します。

3. 正の数なら平方根を計算:

```
number = 9
if number > 0:
    square_root = number ** 0.5
    print(f"{number}の平方根は{square_root}")
else:
    print("正の数を入力してください")
```

入力が正の数なら平方根を計算して表示し、それ以外ならエラーメッセージを表示します。

予想した通りのサンプルコードが作成されました。これを見ていくことで、else を使った処理の使い方がわかってきます。ただし、先にifのサンプルを作ったときもそうですが、条件がTrueに固定された状態で条件分岐を行っても、働きがわかりません。一つのコードを、さまざまな値を元に実行させてみて、初めて分岐処理の働きがわかるようになります。

そこで、最初に作られたサンプルコードを少し修正して、「入力した値が偶数か奇数かを判定する」というコードを作ってみましょう。

リスト5-4-3

```
01  num = 0   # @param {type:"integer"}
02  if num % 2 == 0:
03      print(f"{num}は偶数です")
04  else:
05      print(f"{num}は奇数です")
```

num： 12345

12345は奇数です

図 5-4-1
フィールドに整数を記入して実行すると、
偶数か奇数かを判定する

修正したのは1箇所。最初にあるnum = 0の文の後に「# @param {type: "integer"}」とコメントを付けただけです。これをつけることで、整数の値を入力するフィールドが表示されるようになりました。

フィールドに整数を記入してセルを実行してみましょう。入力した値が偶数か奇数かを判定して結果を表示します。

「偶数か奇数かを判定するって、どうやるんだ？」と思った人。偶数というのは「2で割り切れる値」、奇数は「2で割り切れない値」でしたね？　ということは、入力した値を2で割って、余りがゼロかどうか調べれば、偶数か奇数かわかるはずです。

それを行っているのが、ここでのif文です。

```
if num % 2 == 0:
```

この結果がTrueならば、numを2で割った余りがゼロということなので偶数、そうでないなら奇数となります。「偶数か奇数か」といわれてもどうやって調べればいいかわからないかもしれませんが、「偶数とはどういうものか、奇数とはどういうものか」を考えて「それは数字や式で表すとどうなるか」がわかれば、ifを使って条件で処理できるようになるのです。

```
num = 7 # @param {type:"integer"}
```
フォームで入力した値が代入される

```
if num % 2 == 0:
```
「numを2で割った余りが0なら」、この処理を実行する

```
    print(f"{num} は偶数です")
```

```
else:
```
「numを2で割った余りが0でないなら」、この処理を実行する

```
    print(f"{num} は奇数です")
```

図 5-4-2　リスト 5-4-3 の動き

05 2つ以上の分岐を作ろう

ifは、基本的に「二者択一」の構文です。条件を元に、2つのどちらを選ぶのか？というものです。しかし、実際のプログラムでは、2つだけでなく3つや4つに分岐するようなコードも作るでしょう。こんなとき、どうすればいいのでしょうか。わからなければ、AIに聞いてみるのが一番ですね。

リスト5-5-1

 あなた
Pythonで3つ以上の分岐処理を作る方法をわかりやすく説明して。

 ChatGPT
Pythonでは、if，elif，elseを組み合わせて複数の分岐処理を実現できます。以下に、3つ以上の分岐があるシンプルな例を示します。

```python
score = 75

if score >= 90:
    grade = 'A'
elif score >= 80:
    grade = 'B'
elif score >= 70:
    grade = 'C'
elif score >= 60:
    grade = 'D'
else:
    grade = 'F'

print(f"成績は {grade} です。")
```

この例では、scoreの値に応じて異なる成績を表示します。各条件は上から順に評価され、最初に条件が満たされた時点で対応する処理が実行されます。最初にscore >= 90が評価され、該当する場合はAが代入されます。それ以降、他の条件は評価されません。

このように、if文とelif文を使って条件をチェーンさせることで、3つ以上の分岐処理を簡潔に表現できます。必要に応じて条件を追加または変更してください。

つまり、「elif」というものを使うことで、ifに次々と条件を設定し分岐させることができるようになるのです。elifを使ったifの書き方を整理しましょう。

```
01  if 条件A:
02      条件AがTrueのときの処理
03  elif 条件B:
04      条件BがTrueのときの処理
05  elif 条件C:
06      条件CがTrueのときの処理
07
08  ……必要なだけelifを用意……
09
10  else:
11      すべてFalseのときの処理
```

　elifの考え方は、「ある条件がFalseなら次の条件をチェックする」というものです。条件Aをチェックし、これがダメなら条件Bをチェックし、それもダメなら条件Cを……というように「ダメなら次！」とチェックを続けていくのがelifを使った複数分岐の考え方です。

 ## 多数の分岐のサンプルコードを作る

　では、elifを使った多数の分岐を行うサンプルを作ってみましょう。これはさすがに5行では作れないでしょうから、5行前後と指定をして作成させてみます。

リスト5-5-2

 あなた
elifを使ったサンプルコードを3つ考えて下さい。コードは5行前後で、それぞれに100文字程度の説明をつけて下さい。

 ChatGPT
もちろんです。以下はelifを使った三つのサンプルコードです。

1. 時刻による挨拶:

```
hour = 15
if hour < 12:
    greeting = "おはようございます"
elif hour < 17:
    greeting = "こんにちは"
else:
    greeting = "こんばんは"
print(greeting)
```

時刻によって異なる挨拶を行います。12時より前なら"おはようございます"、17時より前なら"こんにちは"、それ以外は"こんばんは"が表示されます。

2. 体重による健康診断:

```
weight = 75
if weight < 60:
    health_status = "低体重"
elif weight < 80:
    health_status = "標準体重"
else:
    health_status = "肥満"
print(health_status)
```

体重に応じて異なる健康診断を行います。60kg未満なら"低体重"、80kg未満なら"標準体重"、それ以外は"肥満"が表示されます。

3. 年齢による入場料金設定:

```
age = 25
if age < 6:
    ticket_price = 0
elif age < 18:
    ticket_price = 500
elif age < 65:
    ticket_price = 1000
else:
    ticket_price = 500
print(f"入場料金は {ticket_price} 円です。")
```

年齢に応じて異なる入場料金を設定します。6歳未満なら無料、18歳未満なら500円、65歳未満なら1000円、それ以外は500円が表示されます。

いずれも、1行目にある変数への代入文に「# @param {type:"integer"}」をつけてフォームから値を入力できるようにしておくと、さまざまな値を使ってコードを試すことができます。

elifを使った多数の分岐は、いくつも条件が出てくるためわかりにくい印象があるかもしれません。けれど、作成されたサンプルコードを見ると、意外にやっていることがよくわかるのではないでしょうか。elifは「まず条件Aをチェックし、ダメなら条件Bに……」というように、常にチェックする条件は1つです。多数の条件があっても、それを順に1つずつチェックしていくため、順にコードを読んでいけば思ったよりも簡単に理解できます。

💡 ポイントは「条件の順番」

　ただし、自分でelifを使ったコードを書こうと思ったら、一つだけ重要なポイントがあります。それは「実行する条件の順番」です。

　例えば、先ほどAIが作った最初のサンプルである「時刻による挨拶」を以下のように書き換えてみます。

リスト5-5-3

```
01  hour = 15 # @param {type:"integer"}
02  if hour < 17:
03    greeting = "こんにちは"
04  elif hour < 12:
05    greeting = "おはようございます"
06  else:
07    greeting = "こんばんは"
08  print(greeting)
```

図5-5-1　「7」と入力しても「こんにちは」になってしまった

　これで、時刻をいろいろ入力して応答を試してみてください。すると、18より小さいとすべて「こんにちは」になってしまい、12未満でも「おはようございます」と表示されないことがわかります。

　これは、実行している条件の順番に問題があるためです。ここでは以下のように実行をしていますね。

```
01  if hour < 17:
02    greeting = "こんにちは"
03  elif hour < 12:
04    greeting = "おはようございます"
```

　AIが作ったサンプルコードでは、この部分は以下のようになっていました。

```
01  if hour < 12:
02    greeting = "おはようございます"
03  elif hour < 17:
04    greeting = "こんにちは"
```

　hour < 12とhour < 17の実行する順番が違っているのがわかるでしょう。AI

のサンプルでは、まずhour ＜ 12をチェックし、次にhour ＜ 17をチェックしています。これにより、12以下は最初の条件を満たし、13以上17以下は次の条件を満たすようになります。

しかし修正したサンプルでは、最初にhour ＜ 17をチェックし、次にhour ＜ 12をチェックしています。これにより、最初の条件で17以下はすべて条件を満たしてしまうため、次のhour ＜ 12は使われることがありません（この条件をチェックするのはhourが18以上の場合だけなので）。このため、elifで用意した処理が動作しなかったのです。

条件の順番のポイント

このように、elifを使って複数の条件をチェックする場合は、「どういう順番に条件をチェックすればいいか」をよく考える必要があります。では、どういう順にチェックしていけばいいのでしょうか。AIに教えてもらいましょう。

リスト5-5-4

あなた
elifを利用する場合、チェックする条件の順番はどうやって決めますか。

ChatGPT
elifを利用する場合、条件の順番が重要です。elifは上から順に評価され、最初に条件を満たしたものが実行されます。したがって、より具体的で限定的な条件から始め、より一般的で広範な条件を後に配置することが一般的です。

条件を適切な順序で配置することで、最初に該当する条件が満たされた場合に後続の条件は評価されないため、効率的なコードが実現されます。逆に、より一般的な条件を先に配置してしまうと、特定の条件に合致しても最初の条件で処理されてしまい、それ以降の条件が評価されません。

なるほど、「より具体的で限定的な条件」から「より一般的で広範な条件」へと順にチェックしていけばいいのですね。

先ほどのサンプルでは、「hour ＜ 12」と「hour ＜ 17」がありました。hour ＜ 12のほうが、hour ＜ 17よりも狭く限定された範囲の条件になりますね。だから、hour ＜ 12のほうから順にチェックする必要があったのです。

elifを使った条件は、「より狭い範囲から、より広い範囲へ」と設定することを忘れないようにしましょう。

06 条件を満たすまで繰り返そう

　続いて、「繰り返し」の構文です。繰り返しの構文は、実は2つあります。まずはシンプルな方から説明しましょう。

　簡単な繰り返し、それはifと同じように「条件をチェックして繰り返す」というものです。これは「while」という構文として用意されています。では、さっそくwhile構文について説明してもらいましょう。

リスト5-6-1

 あなた

whileについてわかりやすく教えて。

 ChatGPT

while文は、指定された条件が真である限り、プログラムのブロックを繰り返し実行します。基本的な構文は以下の通りです：

```
while 条件:
    # 条件が真の場合に実行されるコードブロック
    # 条件が偽になるまで繰り返される
```

具体的な例を見てみましょう：

```
count = 0
while count < 5:
    print(f"現在のカウント: {count}")
    count += 1
```

この例では、countが5未満の間、print文が繰り返し実行されます。countが5になると、条件が偽になり、while文から抜け出します。

注意点:
1. while文を使う際には、条件がいずれかの時点で偽になるように注意が必要です。そうでないと無限ループに陥る可能性があります。
2. カウンター変数（上記の例ではcount）などを利用して、繰り返し回数を制御することが一般的です。

while文は、特定の条件が満たされる間だけループを続けたい場合に利用されます。

---

　while構文の書き方は、簡単です。「while 条件:」という文の下に繰り返し実行する処理を用意するだけです。

```
while 条件:
    条件が真の場合に実行する処理
```

　繰り返す処理はインデントで右にずらしておきます。これで、whileの条件が
Trueである間、処理を繰り返し続けます。

　whileの注意点として、「条件がいずれかの時点で偽になるように」する必要が
ある、ということを指摘していますね。つまり、繰り返すごとに条件の式や値が変
化するようになっていなければいけない、ということです。

 ## whileを使ったサンプルを作る

　では、これも実際の利用例を見て使い方を覚えましょう。AIにwhileのサンプル
コードを作ってもらいます。あまり難しくならないように「簡単なサンプル」「5行
以内」という縛りを指定しておきます。

Chapter 5

リスト5-6-2

 あなた
whileを使った簡単なサンプルを3つ作って下さい。コードは5行以内で、それぞれ
100文字程度の説明をつけます。

 ChatGPT
もちろんです。以下は、whileを使った簡単なサンプルコードの例です。

1. 1から5までの数を表示:

```
count = 1
while count <= 5:
    print(count, end=" ")
    count += 1
# 出力: 1 2 3 4 5
```

countが5以下の間、1から5までの数を表示します。

2. 2の倍数を表示:

```
num = 2
while num <= 10:
    print(num, end=" ")
    num += 2
# 出力: 2 4 6 8 10
```

numが10以下の間、2から始まり2ずつ増加していく2の倍数を表示します。

3. ユーザーが"exit"を入力するまで繰り返し:

```
user_input = ""
while user_input.lower() != "exit":
    user_input = input("入力してください ('exit'で終了): ")
# ユーザーが "exit" と入力するまで繰り返し
```

ユーザーが"exit"を入力するまで、ユーザーからの入力を受け付けます。

使い方がだいぶわかってきましたね。最初に作成された「1から5まで表示する」というサンプルを見てみましょう。するとこうなっていました。

```
count = 1
while count <= 5:
    print(count, end=" ")
    count += 1
```

条件には「count <= 5」と指定しています。つまり、変数countの値が5以下の間、繰り返すわけですね。

繰り返す処理では、printでcountの値を出力しています。「end=" "」と書いてありますが、これは「最後に" "（スペース）をつける」という意味です。普通、printでは表示した値の最後に改行コードがつけられ、それぞれ改行して表示されますが、このようにend=○○と最後につける値を設定することで、改行ではなく決まった文字を付けて出力されるようにできます。これを実行すると、「1 2 3 4 5」と数字が表示されるのがわかるでしょう。

サンプルでは、printの後に「count += 1」というものを用意していますね。これは、countの値を1増やすものです。これが実は重要です。こうしてcountの値を繰り返すごとに1増やすことで、いつかはcount <= 5の条件がFalseになり（countの値が6になったときですね）、繰り返しを抜けることができるようになっているのですね。

whileでは、このように「繰り返すごとに条件が変化し、いずれ抜け出す」ようにしないといけません。条件が全く変わらないと永遠に繰り返しを続けることになります。こうしたものは「無限ループ」と呼ばれ、一度実行したら二度と終わらない恐怖のプログラムとしてプログラマに恐れられています。絶対に無限ループだけは作らないようにしましょう！

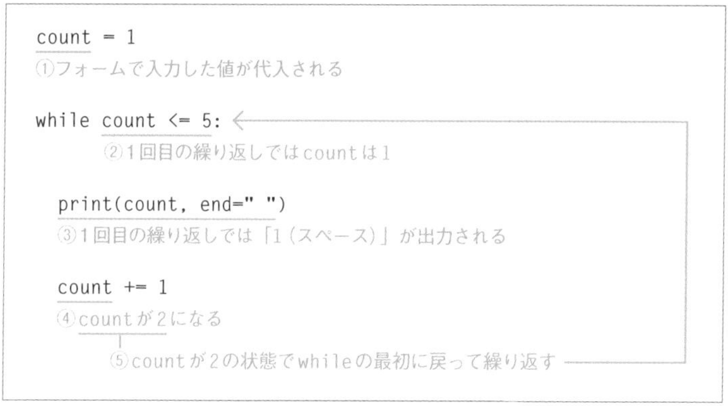

```
count = 1
①フォームで入力した値が代入される

while count <= 5: ←
            ②1回目の繰り返しではcountは1

   print(count, end=" ")
   ③1回目の繰り返しでは「1（スペース）」が出力される

   count += 1
   ④countが2になる
                ⑤countが2の状態でwhileの最初に戻って繰り返す ─
```

図5-6-1 whileを使ったプログラムの動き

💡 代入演算子について

　サンプルではサラッと説明しましたが、「count += 1」って初めて登場しましたね!　これは、countの値を1増やすものです。わかりやすくいえば、こういうことです。

```
count += 1
count = count + 1
```

　この2つは、全く同じことをしています。つまり、「count + 1をまたcountに入れ直す」ということをシンプルに行うのが「+=」という記号なのです。これは代入演算子といって、値を変数などに代入するためのものです。これまで変数への代入に「A = B」といった文を書いていましたが、この「=」も代入演算子です。
　値を代入する代入演算子は、=以外にもいろいろなものが用意されています。右の表にまとめておきましょう。

代入演算子	説明
A += B	AにBを足す
A -= B	AからBを引く
A *= B	AにBをかける
A /= B	AをBで割る
A //= B	AをBで割った整数値を得る
A %= B	AをBで割った余りを得る

　これらは、普通に=を使って書くこともできます。count += 1なら、count = count + 1と書けば同じことができますね。けれど、代入演算子を使ったほうがスマートに書けます。それに感覚的にもわかりやすいでしょう。そう難しいものではないので、ぜひここで覚えておいてください。

07 指定した範囲で繰り返そう

もう1つの繰り返し構文は「for」というものです。これも基本的なことをAIに教えてもらうことにしましょう。

リスト5-7-1

 あなた
for構文についてわかりやすく教えて。

 ChatGPT
for構文は、コレクション（リスト、タプル、文字列など）の要素を順番に処理するために使用される制御構造です。……略……

ちょっと待って！ 「わかりやすく教えて」といったのに、いきなりよくわからないものが次々と登場してしまいました。「コレクション」「リスト」「タプル」……どれも見たことのないものばかりです。

実は、「for」という構文は、まだ皆さんが習っていない「たくさんの値をまとめて扱う機能」を利用するためのものなのです。従って、たくさんの値を扱うためのもの（コレクション）がわかっていないと使えません。

ただ、基本的な構文はここでまとめて説明しておきたいので、コレクションについては脇において、「forというのはだいたいこんな具合に使う」ということだけざっと頭に入れておくことにしましょう。実際の使い方は、コレクションについて説明する際に改めて行うことにしましょう。

for構文の使い方

```
for 要素 in コレクション:
    要素に対する処理
```

forは、こんな具合に使います。「for ○○ in xx:」というように記述することで、たくさんある値から順に要素を取り出して処理を行うことができるのです。

rangeでforを使う

　これだけだとちょっとイメージしづらいでしょうから、比較的わかりやすい「range」というものをforに組み合わせて使ってみましょう。まずはrangeがどういうものか調べてみます。

リスト5-7-2

> 👤 **あなた**
>
> rangeについてわかりやすく説明して。

> ⚛ **ChatGPT**
>
> range()は、Pythonで連続する整数の範囲を生成するための組み込み関数です。基本的な構文は以下の通りです：
>
> ```
> range([start], stop, [step])
> ```
>
> ・start（省略可能）：範囲の開始値（デフォルトは0）。
> ・stop：範囲の終了値（この値は含まれない）。
> ・step（省略可能）：各整数の間の増加量（デフォルトは1）。
>
> range()は通常、forループなどで使用され、指定された範囲の整数を生成します。例を見てみましょう：
>
> ```
> for i in range(5):
>     print(i)
> ```
>
> この例では、range(5)は0から4までの整数を生成し、forループで各整数を表示します。

 ## rangeの使い方を覚えよう

　rangeは、連続する整数の範囲を生成する関数なんですね！　例えば、「1，2，3，4，5」とか「10，20，30」というように、一定間隔の数列を作るのに使います。利用例を整理しましょう。

```
range(5)            # 0，1，2，3，4 の数列
range(3，7)          # 3，4，5，6 の数列
range(10，50，10)     # 10，20，30，40 の数列
```

　（ ）内にいくつ引数を用意するかによって、いろんな数列が作れるんですね！　単純に（5）とすれば、0〜4の数列が作れます。0〜5ではないので注意してください。

（5）は「5の手前まで」の数列を作る（5は含まれない）のです。

（3,7）というように2つの値を用意すると、それぞれ開始数と終了数（実際は終了する値＋1）の指定になります。これにより3〜6が生成されます。また、（10, 50, 10）と3つの値を用意すると、3つ目の値に、「いくつ間隔で数字を並べるか」を指定できます。生成される整数は10, 20, 30, 40です。

では、rangeを使ったforの例を見てみましょう。AIが作ったサンプルコードにはこんなものがありましたね。

リスト5-7-3

```
01 for i in range(5):
02   print(i)
```

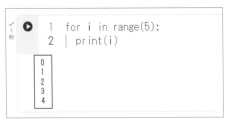

図5-7-1　実行すると0から4までの数字を表示する

これを実行すると、0から4までの値を順に表示します。range(5)で0, 1, 2, 3, 4という数列が作られます。forは、そこから順に値を取り出して変数iに入れ、繰り返し処理を実行していくのです。

図5-7-2　リスト5-7-3の動き

この「rangeで作った数列から順に値を取り出して処理を実行する」というforの働きを覚えておきましょう。forについては、次の章の「コレクション」の説明のところで改めて説明します。ここでは、大まかな働きだけわかっていれば十分でしょう。

Chapter **6**

たくさんのデータを扱おう

この章のポイント
- リストの基本的な使い方を覚えましょう。
- 辞書の働きとどういう使い方をするものか考えましょう。
- リストと辞書を組み合わせて、複雑なデータを扱える
  ようになりましょう。

01 コレクションって何？
02 リストって何？
03 データをリストで管理しよう
04 タプルとは？
05 辞書を使おう
06 辞書＋リストでデータ管理
07 売上データを管理しよう

01 コレクションって何？

　前章のforのところで、「コレクション」というものが登場しました。これは、たくさんの値をまとめて扱うものだ、といいましたね。ここでは、このコレクションについて説明をしていきましょう。

　コレクションは、たくさんの値を一つにまとめて管理するためのものです。これは、「コレクション」という値が1つだけ用意されているのではありません。どんな値をどうやって管理するのか、その違いからいくつかの種類が用意されています。

　では、コレクションについてどんなものがあるのかAIに聞いてみましょう。

リスト6-1-1

 あなた
Pythonのコレクションについてわかりやすく簡潔に説明して。

 ChatGPT
Pythonのコレクションは、データをまとめて管理するための概念で、異なる種類のデータを1つの変数にまとめて取り扱うことができるデータ構造です。以下に主なコレクションの種類を簡潔に説明します。

1. リスト (list):
　順序があり、可変 (変更可能) な要素の集まり。

2. タプル (tuple):
　順序があり、不変 (変更不可能) な要素の集まり。

3. セット (set):
　順序がなく、重複がない要素の集まり。

4. 辞書 (dictionary):
　キーと値のペアからなる、順序がないデータの集まり。

これらのコレクションは、異なるデータ構造の要件に対応するために利用されます。リストやタプルは順序を持ち、要素の取得が可能です。セットは要素の一意性が求められる場合に有用で、辞書はキーと値を関連付けてデータを管理する際に役立ちます。

コレクションというのは「異なる種類のデータを1つの変数にまとめて取り扱うことができるデータ構造」のことだそうです。つまり、「これがコレクションですよ」という具体的なモノがあるわけではなくて、コレクションの考え方に従って作られた様々なオブジェクトがある、ということなんですね。

コレクションの種類は「リスト」「タプル」「セット」「辞書」と全部で4つのものがあります。それぞれ内容が少しずつ違っているようですね。

では、この4種類のコレクションについて、順に学んでいくことにしましょう。

02 リストって何？

　最初に覚えるのは「リスト」です。リストは、コレクションの基本となる、最も重要なものです。では、リストについてAIに教えてもらいましょう。

リスト6-2-1

 あなた
Pythonのリストについて小学生でもわかるように説明して。

 ChatGPT
Pythonのリストは、プログラミングで使う袋や箱みたいなものです。この袋に、たくさんのデータを順番に入れておいて、必要なときに取り出して使うことができます。

例えば、果物のリストを考えてみましょう：

```
fruits = ["りんご", "ばなな", "みかん"]
```

このリストには、りんご、ばなな、みかんの3つの果物が順番に入っています。Pythonのプログラムでは、["りんご", "ばなな", "みかん"]と書いて、果物の名前をカンマで区切って袋に詰めたイメージです。

このリストでは、りんごが最初、ばななが次、みかんが最後です。プログラムでは、リストの中の果物に順番にアクセスして、りんごから順番に出して使うことができます。

　なるほど、リストというのは、プログラミングで使うたくさんの値を一つにまとめて入れておくものなんですね。この中に、たくさんのデータを順番に入れておいて、必要なときに取り出して使うのですね。

　単純な説明ですが、実はとても重要なことをいっています。それは「たくさんのデータを『順番に』入れておく」という点です。

　リストは、「データを順番に保管している」のです。リストの中に入れたデータは、勝手に順番が入れ替わったりすることはありません。常に入れた順番通りに管理されているのです。

　順番に管理されているというのは、どういうことか。それは、それぞれの値に「これは○番のデータ」というように通し番号が付けられていて、それを使って値を扱えるようになっている、ということなのです。

　この通し番号は「インデックス」と呼ばれます。インデックス。どこかで聞いたことがありますよね？　そう、文字列の文字のところで登場しました。文字列は、

1つ1つの文字がズラッと並んだもので、順番にインデックスの番号が付けられていました。リストもそれと同じです。リストでは、保管されている値のことを「要素」といいます。リストの中の各要素にはインデックスが割り振られ、この番号で値を管理できるようになっているのです。

図6-2-1　リストは、番号をつけて値を管理している

 リストの使い方

　では、リストはどうやって使うのでしょうか。AIの説明には、こんな形でリストが登場しました。

リスト6-2-2

```
fruits = ["りんご", "ばなな", "みかん"]
```

　これが、リストの例です。3つの文字列を持つリストを作り、fruitsという変数に代入しています。リストは、こんな具合に [ ] という記号を使って作成します。この中に、保管する値をそれぞれカンマで区切って記述します。

リストを作成するときの指定方法

```
[ 値1, 値2, 値3, ……]
```

　これでリストが作れます。では、この中から特定の値を取り出すにはどうすればいいんでしょうか。

リストから値を取り出すときの指定方法

```
リスト[番号]
```

　こんな具合にして、取り出したい値の番号を指定します。リストが代入された変数の後に [ ] で番号を指定すればいいのです。
　この番号の指定は、文字列のスライスのように決まった範囲を指定して取り出すこともできます。例えば、[1:3]とすれば、インデックス1番から3番の手前まで（1と2）の値をリストとして取り出すことができます。

Chapter 6

では、簡単なサンプルでリストの働きをチェックしましょう。Colabの新しいセルに以下を記述してください。

リスト6-2-3

```
01  number = 0 # @param {type:"integer"}
02  fruits = ["りんご", "ばなな", "みかん"]
03  print(f"{number}番の果物は、{fruits[number]} です。")
```

図6-2-2　取り出す番号を入力し実行すると、リストからその番号の値を取り出す

フォームに0〜2のいずれかの値を入力し、セルを実行しましょう。すると、指定した番号の値をリストから取り出して表示します。

ここでは、ユーザーの指定した値を表示するのに、fruits[number]という値を埋め込んでいます。これにより、fruitsのリストからnumber番目の値を取り出して表示していたのですね。こんな具合に、リストは[ ]で番号を指定して必要なデータをいつでも取り出せます。

 値がない場合はエラーになる！

では、このサンプルでフォームに数字を「5」と入力して実行してみましょう。すると、エラーになります。これはどういうことでしょう？

エラー表示にある「エラーの説明」ボタンをクリックしてColab AIに説明してもらいましょう。日本語に翻訳すると、このような説明が表示されました。

> 🔮 **ChatGPT**
>
> 変数番号が 5 に設定されているため、コードは失敗しましたが、フルーツのリストには要素が 3 つしかありません。 コードを修正するには、numberの値を 3 未満に変更するか、リストにフルーツを追加します。

リストでは、[ ]で指定した番号の値がないとエラーになるのです。ここではfruitsには3つの値しかありません。ですから、使えるインデックスの番号は0〜2だけです。それ以外の値を指定すると、「値がない！」エラーになってしまうのですね。

図6-2-3 「5」と入力するとエラーになった

値がない場合の処理は?

では、このようなエラーが起きないようにするにはどうすればいいのでしょうか。これは、あらかじめリストにいくつの値があるのかを調べておき、取り出す値がそれより小さいかチェックすればいいでしょう。

リスト6-2-4

```
01  num = 0 # @param {type:"integer"}
02
03  # 果物のリスト
04  my_list = ["りんご", "ばなな", "みかん", "ぶどう", "いちご"]
05
06  # リストの項目数を取得
07  list_length = len(my_list)
08
09  # 指定した番号がリストの項目数以上か未満かを判定
10  if num >= list_length:
11      print("入力したインデックスの値はありません")
12  else:
13      # 指定した番号の項目を取り出して表示
14      extracted_item = my_list[num]
15      print(f"取り出した項目: {extracted_item}")
```

取り出した項目: ぶどう ▶ 入力したインデックスの値はありません。

図6-2-4 取り出す値がリストにあればそれを表示し、なければメッセージを表示する

先程と同様に、取り出す番号を色々と入力して試してみましょう。その番号の値が見つかればそれが表示されますし、ない場合は「指定した番号はリストの項目数以上です。」と表示されます。エラーにはなりません。

このコードでは、リストの項目数を調べて、それ以上か未満かで異なる処理を行うようにしています。リストの項目数を調べているのがこの部分です。

```
list_length = len(my_list)
```

ここでは「len」という関数を使っています。これがリストなどのコレクションの項目数を調べるためのもので、引数にリストなどのコレクションを指定します。例えば5個の値が保管されているなら、lenの値は「5」になり、それぞれの値に0〜4のインデックスが割り当てられていることになります。

```
num = 0 # @param {type:"integer"}
my_list = [" りんご", " ばなな", " みかん", " ぶどう", " いちご"]
            インデックスは0から4まで

list_length = len(my_list)
            lenでmy_listの項目数を調べる（ここでは5）

if num >= list_length:
入力された値 (num) が5以上だったら実行

    print(" 指定した番号はリストの項目数以上です。")
else:
入力された値 (num) が4以下だったら実行

    extracted_item = my_list[num]
                入力された値をインデックス番号として指定して、値を取り出す

    print(f" 取り出した項目: {extracted_item}")
```

図 6-2-5　リスト 6-2-4 の動き

 値がリストにあるか調べる

「リストにいくつ値があるか」は、これでチェックできるようになりました。では、「ある値がリストの中にあるかどうか」を調べたいときはどうするのでしょうか。

これには「in」という演算子を使います。これは、ある値がコレクションに含まれているかどうかをチェックするためのものです。

値がリストにあるかどうかを調べるとき

```
値 in コレクション
```

このように記述します。この式は、値がコレクションに含まれていればTrue、いなければFalseになります。これをifの条件などに指定すれば、値が含まれている場合に処理をする、といったことができるようになります。

実際に簡単なサンプルコードを見てみましょう。

リスト6-2-5

```
01  search_fruit = "" # @param {type:"string"}
02  fruits = ["りんご", "ばなな", "みかん", "ぶどう", "いちご"]
03
04  # リストから指定した果物を取り出す
05  if search_fruit in fruits:                                    ───■
06      extracted_fruit = fruits[fruits.index(search_fruit)]      ───②
07      print(f"{extracted_fruit} をリストから取り出しました。")
08  else:
09      print(f"{search_fruit} はリストに含まれていません。")
```

図 6-2-6　値がリストに含まれているかどうかでメッセージが変わる

入力フィールドに果物の名前を書いてセルを実行します。その果物がfruitsに含まれていれば「〇〇をリストから取り出しました。」とメッセージが表示され、リストになければ「〇〇はリストに含まれていません。」と表示されます。

■では、こんな具合にリストに含まれているかどうかをチェックしていますね。

```
if search_fruit in fruits:
```

これで、入力したsearch_fruitの値がリストのfruites内にあるかどうかを調べ、ある場合とない場合で異なる処理を行わせています。そして次の行で「fruits.index(search_fruit)」というものを使っています。「index」は、引数の値のインデックスを調べるためのもの（メソッドというもの）です。これで、入力したフルーツのインデックスを調べていたのですね。

これによって②は「extracted_fruit = fruits[インデックス]」の形になり、値を取り出すことができます。

03 データをリストで管理しよう

　リストは、さまざまなデータを管理するのに使われます。そのためには、リストに保管しているデータの扱い方をよく知っておかないといけません。

　まず、「リストのすべてのデータ」を処理する方法からです。これは、「for」という構文を使うのが一般的です。そう、前章の「07 指定した範囲で繰り返そう」で触れた、あのforです。

　forは、コレクションの値を順番に処理するためのもの、と説明しました。もう少しわかりやすくAIに説明してもらいましょう。

リスト6-3-1

 あなた

リストを使ったforについてわかりやすく説明して。

 ChatGPT

リストを使ったforループは、リストの中にある各要素に対して順番に処理を行うための仕組みです。これは、リスト内の各要素を一つずつ取り出し、指定された処理を繰り返し実行します。

例えば、果物のリストがあるとしましょう：

```
fruits = ["りんご", "ばなな", "みかん"]
```

このリストに対してforループを使うと、リスト内の各果物に対して同じ処理を行うことができます。

```
for fruit in fruits:
    print(fruit)
```

このforループでは、fruitsリストの最初の要素から順番にfruitに代入され、その果物を表示します。この処理はリストの最後の要素まで繰り返されます。上記の例では、"りんご"、"ばなな"、"みかん" が順番に表示されます。

このようにforループを使うことで、リスト内の要素を順番に取り出して処理を行うことができます。これは、データの集まりを効率的に操作する際に非常に便利な機能です。

---

　forは、「リスト内の各要素を一つずつ取り出し、指定された処理を繰り返し実行」するものなんですね。例えば、for fruit in fruits: とすることで、fuitsから順に値をfruitに取り出し、用意した処理を実行するのですね。

重要なのは、各要素を「一つずつ取り出す」「順に取り出す」という点です。リストは値の順番が決まっていました。forで値を取り出す場合、必ずインデックスの小さいものから順に取り出されるのです。この「順に取り出す」という特徴は、値の順序が決まっているリストならばこその機能といえます。

データを合計しよう

　この「各要素を1つずつ取り出して処理する」というのは、すべてのデータを同じように処理することができる、ということです。これはいろいろな使い方ができそうですね。実際にサンプルを作ってもらいましょう。

リスト6-3-2

> **あなた**
> forを使い、リストの全要素を処理するサンプルコードを3つ作って。各コードは5行以内、それぞれ100文字程度の説明をつけて。

ChatGPT

1. リストの各要素を表示:

```
numbers = [1, 2, 3, 4, 5]
for num in numbers:
    print(num)
```

各数値が順番に表示される。

2. リストの各要素を2倍にして表示:

```
values = [10, 20, 30, 40, 50]
for val in values:
    doubled_val = val * 2
    print(doubled_val)
```

各要素を2倍にした結果が順番に表示される。

3. リストの各要素の合計を計算して表示:

```
values = [10, 20, 30, 40, 50]
total_val = 0
for val in values:
  total_val += val
print(f"Total: {total_val}")
```

各数値の合計が表示される。

これらのサンプルコードは、forループを使用してリストの各要素を処理し、それぞれ異なる操作を行います。

実際に、生成されたコードをセルにコピー＆ペーストして実行してみましょう。ちゃんと動くのが確認できましたか。

ここでは3つのサンプルコードを作らせてみましたが、「3. リストの各要素の合計を計算して表示」のコードでは、リストの値をすべてtotal_valに足して合計を計算させています。最初にtotal_valという値に「0」を代入して用意しておき、valuesから1つずつ値を取り出してtotal_valに加算して、合計値を計算しています。こんな具合に、データの集計など、統計的な処理をさせるようなときにforはよく使われます。「すべてのデータを計算する」ということはデータ処理ではよくあることでしょう。forは、データ処理には必須の構文なんですね！

```
Total: 150
```

図6-3-1
「3. リストの各要素の合計を計算して表示」
を実行したところ

 リストのデータを編集する

リストを活用するためには、リストに保管されているデータの編集についても知っておく必要があります。リストに新しいデータを追加したり、不要なデータを削除したりできないと、データを最新の状態に保てませんね。

では、リストの編集機能についてAIに尋ねてみましょう。

リスト6-3-3

 あなた
リストの編集について簡単に説明して。

ChatGPT
リストの編集は、リスト内の要素を追加、削除、変更することを指します。Pythonのリストは変更可能なデータ型なので、これらの操作が可能です。以下に基本的なリストの編集操作を簡単に説明します。

1. 要素の追加（append）：
append()メソッドを使用してリストの末尾に新しい要素を追加できます。

```
numbers = [1, 2, 3]
numbers.append(4)
# numbersは[1, 2, 3, 4]となる
```

2. 指定位置に要素を挿入 (insert):
insert()メソッドを使用して指定した位置に新しい要素を挿入できます。

```
fruits = ["りんご", "ばなな", "みかん"]
fruits.insert(1, "ぶどう")
# fruitsは["りんご", "ぶどう", "ばなな", "みかん"]となる
```

3. 要素の削除 (remove, pop, del):
・remove()メソッドを使用して指定した値の要素を削除できます。
・pop()メソッドを使用して指定したインデックスの要素を削除できます。戻り値は削除された要素です。
・delステートメントを使用して指定したインデックスの要素を削除できます。

```
animals = ["犬", "猫", "鳥"]
animals.remove("猫")
# animalsは["犬", "鳥"]となる
```

4. 要素の変更:
・指定したインデックスの要素に新しい値を代入して変更できます。

```
colors = ["赤", "青", "黄"]
colors[1] = "緑"
# colorsは["赤", "緑", "黄"]となる
```

これらの編集操作を使って、リストの内容を柔軟に変更することができます。

追加・挿入・削除・変更

データの編集は、「追加」「挿入」「削除」「変更」といった操作ができれば、だいたいのことはできるようになるでしょう。それぞれ簡単に説明されていますね。簡単すぎてちょっとよくわからないかもしれないので、もう少し説明を追加しておきましょう。

● 要素の追加

```
リスト.append( 値 )
```

追加は、リストの最後に値を付け足すことです。次々とデータを追加していくようなときに必要になりますね。

これはリストの「append」というメソッドを使います。覚えていますか、メソッド。オブジェクトの中に組み込まれている機能のことでしたね（p.079参照）。リストのappendメソッドは引数に追加する値を用意するだけです。これでリストの最後に引数で指定した値が追加されます。

● **要素の挿入**

```
リスト.insert( 番号 , 値 )
```

挿入は、リストの特定の場所に値を追加します。例えばリストの最初に追加したり、前から〇番目に追加、というようなときに使われます。

これは「insert」というメソッドとして用意されています。insertには、2つの引数があります。1つ目の「番号」には、挿入したいインデックス番号を指定します。例えば、(0, "A")と引数を指定すれば、リストの最初に"A"という値を挿入します。

● **要素の削除**

```
リスト.remove( 値 )
リスト.pop( 番号 )
```

要素の削除を行うメソッドは2つあります。removeは、引数に指定した値を削除します。popは、インデックスを指定してその番号の値を削除します。引数を省略すると最後の値を削除します。

2つの違いは、「"〇〇"という値を削除」か、「〇〇番の値を削除」かの違い、ということですね。fruits.remove("みかん")と指定すれば、fruitsから「みかん」の値を持つ要素を削除します。fruits.pop(0)と指定すれば、fruitsのインデックス番号が0の要素を削除します。またpopは削除した値を取り出して利用できます。例えば、item = list.pop()とすれば、listの最後の項目を削除して変数itemに取り出します。

● **要素の変更**

```
リスト[ 番号 ] = 値
```

リストにある値を変更するのは、メソッドなどは使いません。[番号]でインデックスを指定し、値を代入するだけです。例えば、data[3] = 100などとすれば、dataのインデックス3の値が100に変更されます。

 ## データの追加・削除を行おう

では、データを操作するサンプルを作ってみましょう。ここでは、もっともよく使うデータの追加と削除を行うサンプルを作ってみましょう。whileを使って繰り返しデータの追加や削除を行うようなものを作ってもらいます。

リスト6-3-4

 あなた

whileを使い、繰り返しリストにデータの追加と削除を行うサンプルコードを考えて。

 ChatGPT

以下は、whileループを使用してユーザーに対話的にリストにデータの追加と削除を行うサンプルコードです。

```python
# 空のリストを作成
my_list = []

while True:
    print("現在のリスト:", my_list)

    # ユーザーからの操作を取得
    action = input("操作を選んでください（追加：'add'，削除：'remove'，終了：'exit'）: ")

    # ユーザーが終了を選んだ場合、ループを終了
    if action.lower() == 'exit':
        print("プログラムを終了します。")
        break

    # ユーザーが追加を選んだ場合
    elif action.lower() == 'add':
        new_item = input("追加するデータを入力してください: ")
        my_list.append(new_item)
        print(f"{new_item} をリストに追加しました。")

    # ユーザーが削除を選んだ場合
    elif action.lower() == 'remove':
        if not my_list:
            print("リストが空です。削除できる要素がありません。")
        else:
            removed_item = my_list.pop()
            print(f"{removed_item} をリストから削除しました。")
```

```
        else:
            print("無効な操作です。もう一度選んでください。")
```

このコードでは、ユーザーが'add'と入力すると新しいデータがリストに追加され、
'remove'と入力するとリストから最後の要素が削除されます。'exit'と入力するとプ
ログラムが終了します。ユーザーが無効な操作を行った場合は適切なメッセージが表示
されます。

```
現在のリスト: []
操作を選んでください (追加: 'add', 削除: 'remove', 終了: 'exit'): add
追加するデータを入力してください: アメショー
アメショー をリストに追加しました。
現在のリスト: ['アメショー']
操作を選んでください (追加: 'add', 削除: 'remove', 終了: 'exit'): add
追加するデータを入力してください: ロシアンブルー
ロシアンブルー をリストに追加しました。
現在のリスト: ['アメショー', 'ロシアンブルー']
操作を選んでください (追加: 'add', 削除: 'remove', 終了: 'exit'): add
追加するデータを入力してください: 三毛猫
三毛猫 をリストに追加しました。
現在のリスト: ['アメショー', 'ロシアンブルー', '三毛猫']
操作を選んでください (追加: 'add', 削除: 'remove', 終了: 'exit'): remove
三毛猫 をリストから削除しました。
現在のリスト: ['アメショー', 'ロシアンブルー']
操作を選んでください (追加: 'add', 削除: 'remove', 終了: 'exit'): [            ]
```

図 6-3-2　操作 (add、remove、exit) を入力してリストに追加と削除を行う

　応答で、結構ちゃんとしたコードが生成されました。このコードをColabのセル
にコピー＆ペーストして動かしてみましょう。最初に操作として「add」「remove」
「exit」のいずれかを入力します。addを入力すると、続けて追加するデータを入
力できます。removeの場合、最後に追加したデータが削除されます。exitを入力
すればプログラムを終了します。

🔅 サンプルコードの内容をチェック！

　サンプルコードとして生成されたものは、whileを使って繰り返し処理を行って
います。このwhile部分を整理するとこんな形になっています。

```
while True:
    print("現在のリスト:", my_list)
    action = input("操作を選んでください (追加: 'add', 削除: 'remove',➡
終了: 'exit'): ")

    if action.lower() == 'exit':
        終了の処理
```

```
    elif action.lower() == 'add':
        追加の処理
    elif action.lower() == 'remove':
        削除の処理
    else:
        その他の処理
```

　リスト（my_list）を表示し、inputで操作を入力してもらったら、ifで入力した操作ごとの処理を行っています。elifを使ってexit、add、removeの3つの操作それぞれの処理を作成しています。こんな具合にifとelifをうまく使えば、多数の操作をきれいに整理して書けるのですね！
　では、各操作の内容を見ていきましょう。

● 終了の操作

```
if action.lower() == 'exit':
    print("プログラムを終了します。")
    break
```

　プログラムの終了は、まず入力したactionが'exit'かどうかをチェックしています。単に、action == 'exit'ではなく、action.lower() == 'exit'としていますね？　lowerは、すべて小文字に変換するメソッドでした（p.079参照）。こうすることで、「exit」だけでなく「Exit」や「EXIT」などでもすべて認識されるようにしているのですね。
　最後に「break」というものを実行していますが、これは「繰り返し構文を中断して抜ける」というものです。これにより、while構文から抜け出るようになっています。ここでのwhileは、while True:というようにしてエンドレスで繰り返されるようにしてあります。必要に応じてbreakを呼び出すことでwhileを抜け出せるようにしてあるのですね。

● データの追加

```
elif action.lower() == 'add':
    new_item = input("追加するデータを入力してください: ")
    my_list.append(new_item)
    print(f"{new_item} をリストに追加しました。")
```

　追加は、inputでデータを入力してもらい、my_list.appendを呼び出すだけです。これはそれほど難しいことはしていませんからわかりますね。

● データの削除

```
elif action.lower() == 'remove':
    if not my_list:
        print("リストが空です。削除できる要素がありません。")
    else:
        removed_item = my_list.pop()
        print(f"{removed_item} をリストから削除しました。")
```

削除は、my_list.popを呼び出して行っています。ただし、リストに何も値が
なければpopすることはできません。そこで、最初に if not my_list: とい
うのを実行しています。

「not」というのは、真偽値の値を逆にするものです。my_listはリストですね？
Pythonではリストの値を真偽値として扱うと、空のリストならFalse、そうで
なければTrueとして扱われるようになっているのです。つまり、if not my_
list:で「リストが空かどうか」をチェックして処理をしていたのですね。

04 タプルとは？

リストがだいたいわかったところで、次は「タプル」というものについて説明をしましょう。

タプルは、リストと同じように多数の値を順に保管するためのものです。各要素にはインデックスが割り振られ、番号で値を取り出せます。働きはリストとほとんど変わりません。

では、リストとタプルの違いは何か？　それは、「タプルは変更できない」という点でしょう。そう、タプルは最初に用意したときのまま、中身を一切変えられないのです。プログラムでは、「必要な値を取り出して使うだけ」ということがよくあります。こういうときにタプルは利用されます。

タプルの書き方は、リストと少し違っています。[ ]の代わりに( )を使います。

タプルの書き方

```
( 値1, 値2, 値 3, ……)
```

こんな具合に、( )内に値をカンマで区切って記述していきます。作成したタプルの値は、リストと同じように[ ]を使ってインデックスの番号を指定します。作り方が少し違うだけで、使い方はリストと同じなのです。

では、実際の利用例をAIに作ってもらいましょう。

リスト6-4-1

 あなた

タプルを利用した簡単なサンプルを3つ作って。

 ChatGPT

以下は、タプルを利用したサンプルコードの例です。

1. タプルの定義と表示:

```
# タプルの定義
fruits = ("りんご", "ばなな", "みかん")

# タプルの要素を表示
for fruit in fruits:
    print(fruit)
# 各果物が順番に表示される
```

2. タプルの要素を利用した計算:

```
# タプルの定義
dimensions = (10, 5, 3)

# 体積の計算
volume = dimensions[0] * dimensions[1] * dimensions[2]

# 結果の表示
print("ボックスの体積:", volume)
```

3. タプルを使った多重代入:

```
# タプルの定義
point = (5, 8)

# 多重代入を使って座標を表示
x, y = point
print("x座標:", x)
print("y座標:", y)
```

これらのサンプルコードでは、タプルを使って果物のリストや次元の情報、座標の情報を表現し、それに対して様々な操作や計算を行っています。タプルは不変 (immutable) なデータ型であるため、一度定義された後に変更できない特性があります。

　簡単なサンプルが作られました。どれもやっていることはリストと同じなのがわかるでしょう。タプルは「値を変更できない」というだけで、使い方は全く同じなのです。

05 辞書を使おう

リストやタプルは、基本的に「多数の値を番号で管理するもの」でした。しかし、番号による管理が常に便利というわけではありません。

例えば、名前とメールアドレスのデータをまとめて保管するとしましょう。この場合、名前のリストとメールアドレスのリストを作って番号で取り出す、というのはあまり便利とは思えませんね。それよりも「名前でメールアドレスを保管する」ということができたらずっと便利ではありませんか。番号ではなく、名前で値（メールアドレス）を取り出せるようにするのです。これなら「山田さんのメールアドレスは？」と思ったときもすぐに取り出せますね。

このように、番号ではなく、名前をつけて値を管理することのできるコレクションが「辞書」というものです。辞書は、リストなどと比べるとかなりわかりにくいかもしれません。では、AIにわかりやすく説明してもらうことにしましょう。

リスト6-5-1

 あなた
Pythonの辞書についてわかりやすく教えて。

 ChatGPT
Pythonの辞書 (Dictionary) は、キーと値のペアでデータを格納するデータ構造です。リストやタプルが順序を持つ複数の要素を格納するのに対して、辞書はキーと対応する値を関連付けて保存します。辞書は {} (中括弧) を使って作成されます。

以下は基本的な辞書の構文と例です：

```
# 辞書の作成
my_dict = {"キー1": "値1", "キー2": "値2", "キー3": "値3"}

# キーを使って値にアクセス
value = my_dict["キー2"]
print(value)  # 出力: "値2"
```

主な特徴:

1. キーと値:
　・各要素はキーと値のペアで構成されます。キーは一意であり、重複が許されません。
　・キーと値はコロン (:) で区切られ、要素同士はカンマで区切ります。

　辞書の基本的な使い方がわかってきましたね。辞書は、{ } という記号を使って作成します。中には、名前 (「キー」といいます) と値をコロンでつなげて記述していきます。

辞書を作成するときの指定方法

```
{"キー1": "値1", "キー2": "値2", "キー3": "値3", ……}
```

　このような形ですね。こうして作成した辞書から値を取り出す場合は、リストなどと同様に [ ] を使って、インデックス番号ではなく名前 (キー) を指定します。

辞書から値を取り出すときの指定方法

```
辞書[ キー ]
```

　こうしてキーを指定すれば、そのキーに保管されている値が取り出せるというわけです。AIの説明であった、こんな辞書を考えてみましょう。

```
person = {"名前": "太郎", "年齢": 25}
```

　こうして作ったpersonの値は、person["名前"] や、perosn["年齢"]というようにして取り出すことができます。逆に、person[0]のようにインデックス番号を使って取り出すことはできません。辞書は、値をインデックス番号で管理していないのです。

図 6-5-1　辞書は、名前をつけた箱の中に様々な値を保管する

💡 キーは文字列以外もOK！

　サンプルなどを見て、なんとなく「キーには文字列を指定するんだな」と思った人も多いかもしれません。しかし、実は違います。辞書は「キーと値をそれぞれ指定し、キーで値を管理する」というものであり、キーも値もどんな値でも設定可能なのです。

　実際の利用例をちょっと見てみましょう。

リスト6-5-2

```
01  dic = {10:"Hello", 20:"Welcome", 30:"Bye"}
02  print(dic)
03  print(f"20の値は、{dic[20]}。")
04
05  dic = {True:"OK", False:"NG."}
06  print(dic)
07  print(f"Trueの値は、{dic[True]}。")
```

```
{10: 'Hello', 20: 'Welcome', 30: 'Bye'}
20の値は、Welcome。
{True: 'OK', False: 'NG.'}
Trueの値は、OK。
```

図 6-5-2　整数と真偽値をキーに指定した辞書を利用する

　ここでは、整数をキーにした辞書と、真偽値をキーにした辞書を作成し表示させています。どちらも辞書を作り、[ ]でキーを指定して値を取り出すことができます。文字列のキーを使ったときと何も違いはありません。

　「キーはどんな値でも使える」ということは、辞書の基本としてしっかり頭に入れておきましょう。

辞書の中身を操作しよう

　では、辞書に保管されている要素などを操作するにはどうすればいいのでしょうか。値を追加したり削除したり変更したり、といった基本的な操作について尋ねてみましょう。

リスト6-5-3

あなた
辞書の中身を操作する方法を教えて。

ChatGPT
辞書の中身を操作するために使われる一般的な操作について説明します。

1. 要素のアクセス:
キーを指定して値にアクセスできます。

```
   my_dict = {"name": "John", "age": 30, "city": "New
York"}
   print(my_dict["name"])  # 出力: "John"
```

2. 要素の追加と更新:
新しいキーと値のペアを辞書に追加できます。既存のキーに新しい値を代入することで値を更新できます。

```
my_dict["gender"] = "Male"  # 追加
my_dict["age"] = 31         # 更新
```

3. 要素の削除:
delステートメントを使って指定したキーの要素を削除できます。

```
del my_dict["city"]
```

　実際に試したところでは、もっと多くの情報が出力されたのですが、とりあえず基本部分だけ見ておくことにしましょう。要素の値を取り出すのは既にわかっていましたが、追加や更新、削除といった機能もちゃんと用意されていますね。

　辞書では、要素の追加と更新は、[ ]でキーを指定して値を代入するだけで行えるのですね！ 指定したキーの値があればその値を更新し、なければ新たに値を追加するのです。非常にわかりやすいやり方ですね。

　要素の削除は、「del」というものを使っています。これは関数ではなくて「文（ス

テートメント）」と呼ばれるものです。Pythonという言語の基本的なキーワードとして用意されているものなんですね。関数ではないので、( )で引数を指定したりはしません。delの後に削除する要素を指定するだけです。

このdelは、オブジェクトを削除するのに使います。ですから、「del　辞書[キー]」を使えば指定したキーの値が削除されますが、「del辞書」というように[ ]をつけないと辞書そのものが削除されてしまいます。使い方に注意しましょう。

forで辞書の要素を処理しよう

リストでforを使って全要素を処理したように、辞書に入っているすべての要素を処理するにはどうすればいいのでしょうか。

実は、辞書でもforを利用することはできます。使い方もリストと全く同じです。

辞書でのfor構文の使い方

```
for 変数 in 辞書:
    繰り返し実行する処理
```

注意したいのは、forの変数に取り出される値です。これは、保管されている値の「キー」が取り出されるのです。繰り返し実行する処理の中でそのキーを使って値を取り出し、利用することになるでしょう。

では、実際にforで辞書のすべての要素を利用するサンプルコードを書いてみましょう。

リスト6-5-4

```
01 person_info = {
02   "name": "Alice",
03   "age ": 30,
04   "city": "Wonderland",
05   "mail": "alice@wonder.land",
06   "male": False
07 }
08
09 # 辞書のすべてのキーと値を処理
10 for key in person_info:
11   print(f"{key}:  {person_info[key]}")
```

```
name:  Alice
age :  30
city:  Wonderland
mail:  alice@wonder.land
male:  False
```

図6-5-3
辞書に保管されているすべてのキーと値が出力される

Chapter 6

これを実行すると、person_infoに保管されているすべての要素が出力されます。for key in person_info:で辞書から変数keyにキーの値を取り出し、それを使って person_info[key]で値を取り出しているのですね。このように、辞書でもforですべての要素を処理することができます。

なお、辞書にはインデックスはありませんが、現在のPythonでは追加した順番を保持するようになっているため、forでは追加した順に値が取り出されます。

COLUMN 「Set」はどういうもの？

これで主なコレクションの説明は終わりですが、一つだけ省略したものがあります。それは「Set」です。Setは「集合」を扱うためのクラスです。リストのように多数の値を保管できますが、同じ値は複数入れられません。また順番も管理されません。

Setはその性格から特殊な用途にしか使われないため、ここでは説明を省略しました。興味を持った人はどんなものか調べてみてください。

COLUMN 「単純文」と「複合文」

ここで登場した「del」は、関数などではなく「ステートメント」というものだ、と説明しました。「ステートメント」という言葉を初めて耳にして戸惑った人もいることでしょう。

Pythonの言語リファレンスによると、Pythonには「単純文」と「複合文」というものが用意されています。delのようなものが単純文で、ifやforのような制御構文が複合文です。

実は、言語リファレンスには「制御構文」というものは存在しません（「構文」というものすら存在しません）。これらはすべて「文」であり、単純文や複合文というものとして扱われているのです。

ただ、この言語リファレンスの説明は正確さ優先で書かれており非常にわかりにくく、初心者が理解するのはかなり大変でしょう。そこで本書では、プログラミング言語全般で用いられている一般的な概念を導入し、ifなどの複合文を「制御構文」、delなどの単純文を「ステートメント」として説明しています。

本書でPythonの基本文法がだいたい頭に入ったら、Pythonの言語リファレンスでどのように文法が説明されているか確認してみるとよいでしょう。

● https://docs.python.org/ja/3/reference/index.html

06 辞書+リストでデータ管理

　では、辞書の使いどころはどういうものでしょうか。リストは、たくさんの値を
まとめて管理するのに便利ですが、辞書はどういう使い方ができるでしょうか。

　辞書は、さまざまなキーを指定してひとかたまりの値としてデータを作成できま
す。例えば、個人情報を管理するのに、名前・年齢・メールアドレスといった情報
を辞書にまとめれば便利そうですね。

　「だけど、そんなデータを1つ作るだけじゃ実用にはならないのでは？」と思った
人。そうですね、確かにこうしたデータを1つ、辞書で作っただけでは役には立た
ないでしょう。けれど、作った辞書をたくさんまとめて扱えるようにしたら、デー
タベースのように使えるようになると思いませんか？

　これには、辞書やリストを使います。つまり、たくさんの辞書を作って、それを
リストや辞書にまとめて利用すればいいのです。

　実際に試してみましょう。今回も、AIと相談しながら作業を進めていきましょう。

リスト6-6-1

 あなた

以下のようなリストが用意されています。

```
sample_data = []
```

このリストに、名前・年齢・メールアドレスを辞書にまとめて保管するシンプルなコード
を考えて下さい。

　これで、AIは簡単なコードを作成してくれました。このコードをColab用に修正
した応答を以下に掲載しておきます。

 ChatGPT

以下は、名前、年齢、メールアドレスを辞書にまとめて保管するシンプルなPythonコー
ドです。

```
sample_data = []

# @markdown ※データの追加
name = "" # @param {type:"string"}
age = 0 # @param {type:"integer"}
mail = "" # @param {type:"string"}
```

```
data = {
  "name": name,
  "age": age,
  "mail": mail
}
sample_data.append(data)
print(f"create: {data}")
```

このコードでは、名前、年齢、メールアドレスの情報を辞書にまとめて sample_data
リストに追加します。

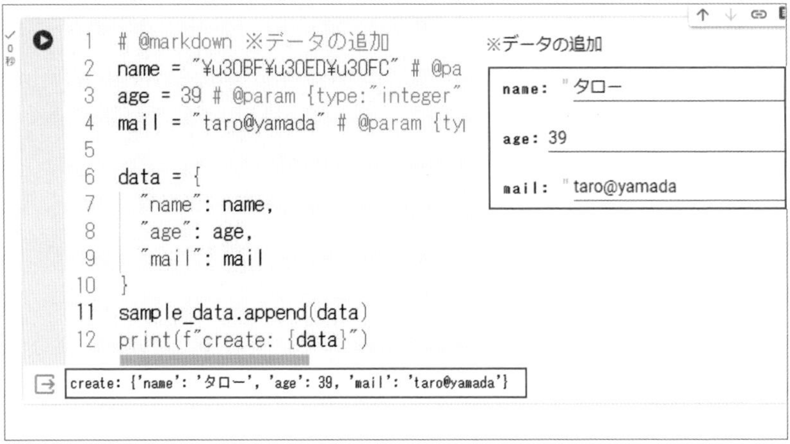

図 6-6-1　フィールドに値を書いて実行すると辞書がリストに追加される

　ここでは「name」「age」「mail」といった入力フィールドが表示されます。これ
らに値を記入し、セルを実行すると、入力データを辞書にまとめて sample_data
に追加されます。sample_data 自体はリストで、data は辞書です。つまりリスト
のそれぞれの要素が、辞書になっているという構造になっています。
　上記のコードは AI が生成したコードに # @param でフィールドとして表示される
記述を追記するなどして作成しました。ベースができていると、ちょっとした修正
だけでコードが完成できるのでとても効率的ですね。

データの表示

続いて、リストから辞書を取り出すコードも用意しましょう。

リスト6-6-2

 あなた

sample_dataから指定した番号のデータを取り出し、各値を表示するサンプルコードを考えて。

 ChatGPT

次のコードは、sample_dataリストから指定した番号のデータを取り出し、各値を表示するサンプルです。

```python
num = 1 # @param {type:"integer"}

if num < len(sample_data):
    item = sample_data[num]
    print(f"Name: {item['name']}")
    print(f" Age: {item['age']}")
    print(f"Mail: {item['mail']}")
else:
    print("データはありません。")
```

このコードでは、指定した番号のデータを取り出して各値を表示しています。指定した番号がsample_dataの範囲外の場合は、"データはありません。"と表示されます。

図6-6-2
番号を記入して実行すると、そのデータが
表示されるストに追加される

これも# @paramを使って番号を入力するフィールドが表示されるように修正してあります。

「num」というフィールドに取り出したいデータの番号（インデックス）を記入してセルを実行すると、その番号のデータが表示されます。番号を入力するだけで、名前・年齢・メールアドレスといったデータが表示されるのがわかるでしょう。

リストや辞書は、このように複数のものを組み合わせて使うこともできます。リストの中にリストを保管したり、辞書の中にリストを保管したりもできるのです。

リストと辞書を組み合わせたデータ管理の基本がわかったら、さらに本格的な
データ管理に挑戦してみましょう。今度は業務などで利用される売上データの管理
にリストと辞書を利用してみます。

これも、それぞれの機能ごとにセルを作成し、必要に応じてセルを実行しながら
データを処理していくようにしてみます。本格的に使おうとすると、データの追加
や削除はもちろん、必要なデータを表示したり集計したりする機能も必要となりま
す。たくさんのセルを作っていくことになるでしょう。

まずは、必要なデータを保管する変数を用意しておきましょう。新しいセルに以
下を記述し実行します。

リスト6-7-1

```
01  sales_data = []
02  products = ["製品A", "製品B", "製品C"]
03  years = [2021, 2022, 2023]
```

productsには製品名のリストを、yearsには年度のリストを用意しておきまし
た。sales_dataでは、製品名 (product)、年度 (year)、上期売上 (first)、
下期売上 (second) といった値を辞書にまとめて保管し管理します。上記はダミー
の値ですので、それぞれでカスタマイズして構いません。ただし、作成した製品と
年度のリストの内容はきちんと把握しておきましょう。

売上データの一覧表示

続いて、作成されたデータの内容を確認するためのコードを用意しておきましょ
う。新しいセルに以下を記述します。

リスト6-7-2

```
01  print("※データの一覧")
02  print()
03  for item in sales_data:
04    print(item)
```

```
      ※データの一覧
      {'product': '製品A', 'year': 2021, 'first': 123, 'second': 234}
      {'product': '製品B', 'year': 2021, 'first': 987, 'second': 876}
      {'product': '製品C', 'year': 2021, 'first': 512, 'second': 678}
      {'product': '製品A', 'year': 2022, 'first': 201, 'second': 234}
      {'product': '製品B', 'year': 2022, 'first': 789, 'second': 876}
      {'product': '製品C', 'year': 2022, 'first': 678, 'second': 789}
      {'product': '製品A', 'year': 2023, 'first': 301, 'second': 401}
      {'product': '製品B', 'year': 2023, 'first': 678, 'second': 567}
      {'product': '製品C', 'year': 2023, 'first': 543, 'second': 654}
```

図 6-7-1　保存されているデータの一覧を表示する。これはサンプルデータを作成済みの表示（まだ皆さんの環境では同じような結果になりません）

売上データの追加

　では、順にデータ管理の機能を作っていきましょう。まずはデータを追加するためのセルからです。ここでは@paramを使い、製品名、年度、上半期と下半期の売上を入力し、これをデータに追加します。

リスト6-7-3

```
01  # @markdown ※データの追加
02  product = "製品A" # @param ["製品A", "製品B", "製品C"]
03  year = "2023" # @param [2021, 2022, 2023]
04  first_half = 709 # @param {type:"integer"}
05  second_half = 808 # @param {type:"integer"}
06
07  new_item = {
08      "product": product,
09      "year": int(year),
10      "first": first_half,
11      "second": second_half
12  }
13
14  # 既にデータがないかチェック
15  flg = False
16  for item in sales_data:
17    if item["product"] == product and item["year"] == year:
18      flg = True
19
20  # データの追加処理
21  if flg:
22    print(f"{year}年度の'{product}'の売上データは既にあります。")
23  else:
24    sales_data.append(new_item)
25    print(f"データを追加しました")
26    print(new_item)
```

図6-7-2
フォームで製品、年度、売上を
入力し実行するとデータが追加
される

ここでは製品、年度、上半期、下半期の売上を入力するためのフォームを用意し
ました。製品と年度は、プルダウンメニューから項目を選ぶようになっています。
`# @param`の後にリストを用意すると、そのリストの項目を表示するプルダウンメ
ニューが表示されるのです（**1**）。

データの追加を行うときは、そのデータが無いことを確認した上でappendする
必要があります。これは`for`を使って`sales_data`の各要素を取り出し、`product`
と`year`の値が入力した値と同じかどうかをチェックします。これを行っているのが
この部分です（**2**）。

```
for item in sales_data:
  if item["product"] == product and item["year"] == year:
    flg = True
```

これで、`product`と`year`が入力した値と同じ項目が見つかったら、`flg`の値が
`True`になります。`flg`が`False`ならば同じ項目はないので`sales_data`に`append`
して追加をします（**3**）。

指定した売上データを表示する

次に用意するのは、データの表示に関するものです。まず、インデックスを指定
してデータを表示するセルを作成しましょう。

リスト6-7-4
```
01  # データの表示
02  item_number = 3 # @param {type:"integer"}
03  if item_number < len(sales_data):                    ──────1
```

```
04    item = sales_data[item_number]
05    print(f"※index= {item_number} のデータ")
06    print()
07    print(f"{item['year']}年度 {item['product']}")
08    print(f"上期売上： {item['first']}")
09    print(f"下期売上： {item['second']}")
10  else:
11    print(f"index= {item_number} のデータはありません。")
```

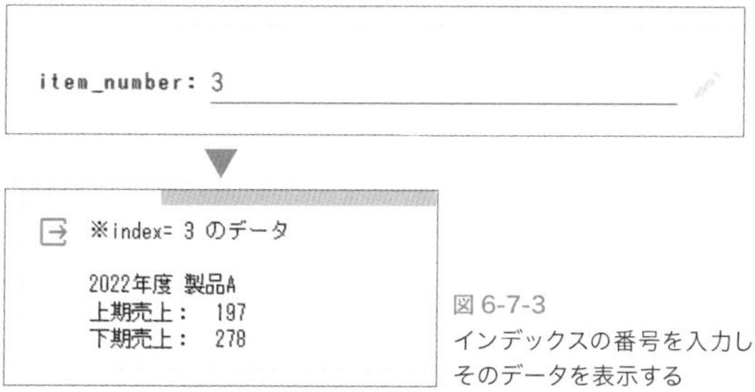

item_number: 3 _____

⬇

```
 ➡  ※index= 3 のデータ

    2022年度 製品A
    上期売上： 197
    下期売上： 278
```

図 6-7-3
インデックスの番号を入力し実行すると、
そのデータを表示する

　実行するとインデックスを入力するフィールドが1つ表示されます。ここで番号を記入して実行すると、そのデータを表示します。

　入力したインデックスの番号がデータの要素数以上の場合もありますから、まず if item_number < len(sales_data): でデータの要素数未満かどうかをチェックして（🔳）表示を行うようにしています。

💡 年度と製品によるフィルター表示

　特定の年度、あるいは特定の製品だけを表示する機能もあると便利ですね。これは for を使ってデータから順に要素を取り出し、その年度や製品の値をチェックして特定のものだけを print すればいいでしょう。

　まずは年度を指定してデータを表示するセルです。

リスト6-7-5
```
01  # 指定年度の表示
02  year = "2021" # @param [2021, 2022, 2023]
03
04  print(f"※ {year} 年度データ")
05  for item in sales_data: ─────────── sales_dataを1つずつ取り出す
06    if item["year"] == int(year): ─────── 指定した年度と同じかを判別
07      print(item)
```

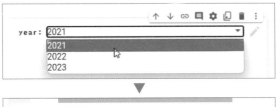

図 6-7-4
年度を選んで実行すると、その
年度のデータだけを表示する

　ここでは@paramを使って年度の値をプルダウンメニューで選べるようにしました。ここで年度を選び、セルを実行すると、その年度のデータだけが表示されます。

　考え方がわかったら、製品を指定して表示するセルも作りましょう。

リスト6-7-6

```
01  # 指定製品の表示
02  product = "製品A" # @param ["製品A", "製品B", "製品C"]
03
04  print(f"※ {product} のデータ")
05  for item in sales_data:
06    if item["product"] == product:
07      print(item)
```

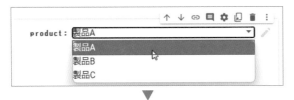

図 6-7-5
製品を選んで実行すると、その
製品のデータだけを表示する

　これも@paramを使い、製品を選ぶプルダウンメニューを用意しました。ここで製品を選んでセルを実行すると、その製品のデータだけが表示されます。

売上データの更新

　次に作成するのはデータの編集関係のセルです。追加は既に作りましたから、後はデータの更新と削除の処理を用意すればいいでしょう。

こうしたものは、どうやって編集する項目を指定するか考える必要がありますが、ここではシンプルに、インデックスの番号を指定して編集するようにしました。**リスト6-7-4**をコピーして変更して使うとよいでしょう。インデックスを指定してデータを表示し、内容を確認してから編集を行うとよいでしょう。

まずは更新のセルからです。

リスト6-7-7

```
01  # @markdown ※データの更新
02  item_number = 0 # @param {type:"integer"} ── インデックス番号を入力
03  first_half = 0 # @param {type:"integer"} ── 更新したい上半期の売上を入力
04  second_half = 0 # @param {type:"integer"} ── 更新したい下半期の売上を入力
05
06  if item_number < len(sales_data):
07      item = sales_data[item_number] ──────── 指定した番号のデータを取り出す
08      item['first'] = first_half ──────── 上半期の売上を更新
09      item['second'] = second_half ──────── 下半期の売上を更新
10      sales_data[item_number] = item ──────── 更新したデータをリストに反映
11      print(f"※データを更新しました")
12      print(item)
13  else:
14      print("item={item_number} がありません。")
```

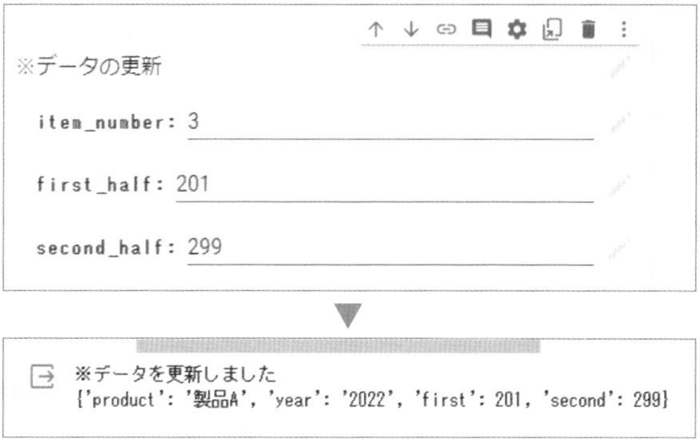

※データの更新

item_number: 3

first_half: 201

second_half: 299

```
※データを更新しました
['product': '製品A', 'year': '2022', 'first': 201, 'second': 299]
```

図 6-7-6
インデックスの番号と上期下期の売上を入力して実行すると、そのインデックスのデータが更新される

これも、入力したインデックスの番号がデータの要素数以上になっていないかチェックし、要素数未満ならば値を更新しています。

売上データの削除

続いて削除のセルです。ここではインデックスの番号を指定して削除するプログラムを考えましょう。

リスト6-7-8

```
01  item_number = 0 # @param {type:"integer"}
02
03  if item_number < len(sales_data):
04      item = sales_data[item_number] ──────── 指定した番号のデータを取り出す
05      print(item)
06      result = input("このデータを削除しますか(y/n)")
07      if result == "y":
08          sales_data.pop(item_number) ──────── データを削除
09          print("※データを削除しました。")
10      else:
11          print("削除はキャンセルされました。")
12  else:
13      print(f"index= {item_number} のデータはありません。")
```

図6-7-7　インデックスを指定して実行し、input の入力欄に「y」と入力す
るとデータを削除する

　これもインデックスを入力するフィールドを用意してあります。これに値を入力
して実行すると、そのインデックスの項目が表示され、削除するか尋ねてきます。
これで「y」と入力し［Enter］キーを押せば、その項目が削除されます。

💡 売上データの集計

　最後に、データの集計を行うセルを作りましょう。これは単にデータを表示する
のではなく、年度ごと、製品ごとに売上を集計して表示します。

リスト6-7-9

```
01  # 年度データの集計
02  print("※各年度ごとのデータ")
03  for year in years: ──────────────────── 年度を順に取り出す
04      first = 0
05      second = 0
06      for item in sales_data: ──────────── sales_dataを順に取り出す
07          if item["year"] == year:
08              first += item["first"] ──────────── 上半期の売上を集計
```

```
09          second += item["second"] ───────────── 下半期の売上を集計
10      print(f"{year}年度  上期:{first}  下期:{second}  合計:{first + ⇒
    second}")
11
12   print()
13
14   # 製品データの集計
15   print("※各製品ごとのデータ")
16   for product in products: ───────────── 製品を順に取り出す
17      first = 0
18      second = 0
19      for item in sales_data: ───────────── sales_dataを順に取り出す
20         if item["product"] == product:
21            first += item["first"] ───────────── 上半期の売上を集計
22            second += item["second"] ───────────── 下半期の売上を集計
23      print(f"[{product}]  上期:{first}  下期:{second}  合計:{first + ⇒
    second}")
```

```
※各年度ごとのデータ
2021年度  上期:1622  下期:1733  合計:3355
2022年度  上期:1668  下期:1875  合計:3543
2023年度  上期:1667  下期:1755  合計:3422

※各製品ごとのデータ
[製品A]  上期:625   下期:869   合計:1494
[製品B]  上期:2433  下期:2298  合計:4731
[製品C]  上期:1899  下期:2196  合計:4095
```

図 6-7-8　データを年度ごとと製品ごとに集計して表示する

Chapter 6

　データの集計というと難しそうですね。forを使ってデータの全要素を順に取り出していき、その年度や製品をチェックして集計する項目の売上データだけを変数に加算していくだけです。

　ただし、各年度や製品ごとに全データを処理することになるので、「年度や製品を繰り返すforの中に、さらに全データを処理するforがある」という二重の繰り返しになっています。まだPythonに慣れていないと、かなり複雑に見えるかもしれません。

💡 わからないなら、聞いてみよう！

　こういうときは、ただ「わからない」と悩むだけでなく、AIを活用すべきです。まず、以下のような内容をテキストエディタなどに書いてコピーしましょう。

リスト6-7-10

 あなた

```
for year in years:
  first = 0
  second = 0
  for item in sales_data:
    if item["year"] == year:
      first += item["first"]
      second += item["second"]
  print(f"{year}年度  上期:{first}  下期:{second}  合計:{first
+ second}")
```

このコードは何をするものですか。わかりやすく教えてください。

　コピーしたらAIチャットにこれをペーストし、実行します。このようにすれば、何行にも渡る長いプロンプトも実行できます。

　ChatGPTで実行したところ、以下のように教えてくれました。

 ChatGPT

このコードは、与えられた年度ごとの売上データ（上期と下期の売上）を処理し、年度ごとに上期、下期、および合計の売上を計算して表示するものです。以下に、コードの主な機能を解説します：

- `for year in years:`：外側のループは、`years`リストに含まれる各年度に対して繰り返します。
- `first = 0`および`second = 0`：各年度ごとに上期（`first`）と下期（`second`）の売上を合計するための変数を初期化します。
- `for item in sales_data:`：内側のループは、`sales_data`リスト内の各データ項目に対して繰り返します。
- `if item["year"] == year:`：各データ項目の年度が外側のループで指定された年度と一致する場合に、そのデータを処理します。
- `first += item["first"]`および`second += item["second"]`：上期と下期の売上を合計します。
- `print(f"{year}年度  上期: {first}  下期: {second}  合計: {first + second}")`：各年度ごとに、上期、下期、および合計の売上を表示します。

簡単に言えば、このコードは年度ごとの上期と下期の売上を計算し、それを合計して表示するものです。

　ポイントごとに文の働きを説明してくれました。これを見ながら、コードを良く読んでみましょう。コードがどういう働きをしているのか、わかってくるでしょう。

　このように、コードの働きを知るには、自分で考えるだけでなく、AIをうまく活用していきましょう。「コードの解説」も、実はAIが得意なものなのですから。

Chapter 7

関数とクラスを使おう

この章のポイント

- 関数の基本的な仕組みを理解しましょう。
- 引数や戻り値の使い方を覚えましょう。
- クラス定義とインスタンスの使い方をマスターしましょう。

01 関数を作ろう
02 関数を使おう
03 データ集計の関数を作ろう
04 クラスを作ろう
05 クラスを利用しよう

01 関数を作ろう

　構文からコレクションなど多数の値を扱うデータ型まで基本的な機能はだいたいわかってきました。ここではさらに一歩進めて、「処理の構造化」ということを考えてみることにしましょう。

　前章の最後に、売上データを管理するプログラムを作りましたね。このサンプルでは、かなり複雑な処理も作りました。ifやforといった構文がいくつも組み合わされているようなものですね。

　プログラムが複雑になってくると、ただ「最初から最後まで処理を書く」というだけではうまくいかないことも出てきます。例えば、コードが長く複雑になってくると、「同じ処理を何度も書かないといけない」ということはよくありますね。こうしたとき、「何度も実行する処理」をプログラムの中で切り離し、いつでも実行できるようになっていると大変便利です。

　この考え方を実現するために用意されているのが「関数」なのです。

🔅 関数は独立して動くプログラム

　関数は、プログラムの一部を切り離し、独立して動かせるようにするものです。関数という言葉は、既に何度も登場しました。これまで使ってきた「print」なども関数でしたね。

　printは、引数というもので値を渡して呼び出すとそれを表示するものでした。そういう「必要な値を渡して呼び出すと、用意された処理を実行する」というものが関数なのです。

　この関数は、printのようにあらかじめ用意されているものだけでなく、自分で作ることもできます。作ったものは、それをプログラムの中から呼び出して実行することができます。

　「自分で関数を作る」というのはどういうことか？　それは、関数の形（名前や、どんな引数があるか、など）や実行する処理をまとめて、「関数を定義する」のです。関数を定義すれば、printなどと全く同じように、自分で作った処理をいつでも呼び出せるようになります。

　関数を定義し、それを必要に応じて呼び出し利用する。これが「関数」の基本です。この基本ができるようになれば、関数を使えるようになった、といっていいでしょう。

図7-1-1
関数は、他から切り離され、独立して
動くプログラム。どこからでも呼び出し
て利用できる

関数の定義について

では、関数はどのように定義するのでしょうか。AIに質問してみることにしましょう。

リスト7-1-1

 あなた
Pythonの関数定義についてわかりやすく教えて。

ChatGPT
関数は、Pythonで再利用可能なコードをまとめて、特定の処理や計算を実行するためのブロックを定義するための手段です。関数を定義することで、同じ処理を繰り返し記述する必要がなくなり、コードの構造がより簡潔で効率的になります。

基本的な関数の定義は以下の通りです：

```
def function_name(parameter1, parameter2, ...):
    # 関数の本体（処理や計算）
    # ...
    return result   # 必要に応じて結果を返す
```

主な要素:

- **def**：関数を定義するためのキーワードです。
- **function_name**：関数の名前を指定します。任意の名前を選ぶことができます。
- **parameters**：関数に渡される引数（パラメータ）を指定します。0個以上の引数を取ることができます。

- **:** コロンは関数の本体の開始を示します。
- 関数の本体：関数が実行する処理や計算を記述します。
- **return**：必要に応じて、関数の実行結果を呼び出し元に返します。

以下は簡単な例です：

```
def greet(name):
    return f"Hello, {name}!"

# 関数の呼び出し
result = greet("Alice")
print(result)
# 出力: "Hello, Alice!"
```

この例では、**greet**という名前の関数を定義し、1つの引数**name**を受け取り、それを用いて挨拶のメッセージを構築しています。関数を呼び出すことで、指定した引数を用いた処理が実行され、結果が返されます。

定義の基本的な書き方がこれでわかりました。関数定義は、「関数の名前」「引数」「本体部分」「呼び出し元に返す値」といったものを組み合わせて作られているのですね。

定義の基本形をわかりやすく整理するとこのようになるでしょう。

関数の定義

```
def 関数名 ( 引数 ):
    関数の本体コード
    ……略……
    return値
```

「def」というキーワードの後に、関数の名前をつけます。そしてその後に、( )で引数を用意します。関数を呼び出すとき、必要な値を( )に記述して呼び出すことができます。この値が、関数定義の( )内に用意してある変数に渡されて関数が実行されます。ここに変数を用意することで、関数内で必要となる値を受け取り利用できるようになります。

最後の「return値」というのは、「戻り値」というものです。これは関数の呼び出し元に返す値のことです。この戻り値は、必要がなければ（何の値も返さないなら）用意する必要はありません。

02 関数を使おう

この関数は、ただ「こう定義する」ということを覚えただけでは使えるようにな
りません。実際に何度も関数を定義し、利用してみて初めて使い方がわかってきま
す。

まずは、もっともシンプルな「引数も戻り値もない関数」を作ってみましょう。
これは関数の最も単純な形です。AIにサンプルを作ってもらいましょう。

リスト7-2-1

 あなた

引数と戻り値のない関数を利用した簡単なサンプルコードを2つ作ってください。関数
定義はそれぞれ5行以内、それぞれコードと関数の説明を200文字前後でつけてくださ
い。

 ChatGPT

1. 挨拶関数:

```
def greet():
    print("こんにちは、元気ですか？")
```

関数呼び出し

```
greet()
```

この関数は引数や戻り値がなく、シンプルな挨拶メッセージを印刷する。関数を呼び出
して挨拶メッセージを表示する。

2. ランチメニュー表示関数:

```
def show_lunch_menu():
    print("今日のランチメニューはカレーライスです。")
```

関数呼び出し

```
show_lunch_menu()
```

この関数は引数や戻り値がなく、ランチメニューのメッセージを印刷する。関数を呼び
出してランチメニューを表示する。

引数も戻り値もない関数は、とても簡単です。1つ目のサンプルコードを見てみましょう。関数は以下のように定義されています。

```
def greet():
    print("こんにちは、元気ですか？")
```

関数の中では、printでメッセージを表示しているだけです。とても単純ですね。この関数を呼び出すには、こう書くだけです。

```
greet()
```

これで、greet関数が呼び出され、「こんにちは、元気ですか？」というメッセージが表示されます。実際にサンプルコードをColabのセルに記述し、実行してみてください。メッセージが表示されるのがわかるでしょう。
とても単純ですが、「関数を呼び出すと、定義された処理が実行される」という基本的な働きはよくわかりますね！

こんにちは、元気ですか？

図7-2-1　greet関数を呼び出すとメッセージが表示される

💡 引数を利用しよう

greetのように、ただ決まったメッセージを表示する関数を作ることは、ほとんどありません。もっと汎用的な使い方ができないと、関数として定義する意味がないでしょう。
「関数の汎用性」ということを考えたとき、重要になるのが「引数」です。関数は、引数を渡すことで、それを利用した様々な処理を行えるようになります。引数がないものに比べると、関数の汎用性がぐっと高まります。では、これもAIを使ってサンプルを作ってみましょう。

リスト7-2-2

> 👤 **あなた**
> 1～2個の引数があり戻り値のない関数を利用した簡単なサンプルコードを3つ作ってください。関数定義はそれぞれ5行以内、それぞれコードと関数の説明を200文字前後でつけてください。

ChatGPT

1. 二乗関数:

```
def square_number(number):
    squared = number ** 2
    print(f"{number}の二乗は{squared}です。")
```

関数呼び出し

```
square_number(5)
```

この関数は引数として渡された数値の二乗を計算し、結果を表示します。例では引数として5を渡しています。

2. メッセージ関数:

```
def greet_person(name):
    print(f"こんにちは、{name}さん！")
```

関数呼び出し

```
greet_person("Alice")
```

この関数は引数として渡された名前を使用して、挨拶メッセージを表示します。例では引数として"Alice"を渡しています。

3. 面積の計算関数:

```
def calculate_rectangle_area(length, width):
    area = length * width
    print(f"長方形の面積は{area}です。")
```

関数呼び出し

```
calculate_rectangle_area(4, 6)
```

この関数は引数として渡された長方形の長さと幅から面積を計算し、結果を表示します。例では長さ4と幅6を渡しています。

引数が使えるようになると、関数はぐっと便利になります。ここでは二乗の計算、名前を使ったメッセージの表示、面積の計算といった関数を作成していますね。引数を使って値を渡すやり方がよくわかるでしょう。

サンプルで作成されたものの中から、面積の計算関数を少しアレンジして使ってみます。Colabのセルに以下を記述してください。

リスト7-2-3

```
01  tate = 0 # @param {type:"integer"}
02  yoko = 0 # @param {type:"integer"}
03
04  def rectangle(height, width):  ──────────────────■1
05      area = height * width
06      print(f"縦{tate}×横{yoko} の長方形の面積は、{area}です。")
07
08  # 関数呼び出し
09  rectangle(tate, yoko)  ──────────────────────────■2
```

図 7-2-2　フィールドに縦横の値を記入しセルを実行すると面積を計算する

　ここでは、tate、yokoというフィールドを用意しました。これに縦横の大きさを入力し、セルを実行すると、「長方形の面積は○○です。」と結果が表示されます。

　ここでは、面積計算の関数をrectangleという名前で定義しています（■1）。

```
def rectangle(height, width):
```

　こうなっていますね。heightとwidthという2つの引数が用意されています。これを使って、面積を計算し表示しているのですね。

```
area = height * width
print(f"縦{tate}×横{yoko} の長方形の面積は、{area}です。")
```

　引数に用意された変数は、関数内では普通の変数と同じように使うことができます。では、このrectangle関数を呼び出している文を見てみましょう（■2）。

```
rectangle(tate, yoko)
```

　tateとyokoの変数を引数に指定して呼び出していますね。こうすることで、関数呼び出しの際にtate、yokoの値がrectangle関数の引数height、widthに代入されます。そして、これらを使って面積の計算が行われるというわけです。

　引数は、このようにカンマを付けていくつでも用意することができます。さまざまな値を引数で渡せるようになると、ぐっと実用的な関数が作れるようになりますね！

戻り値を使おう

　引数とともに、汎用性のある関数作成に重要となるのが「戻り値」です。戻り値は、関数が処理した結果を呼び出し元に返すためのものです。

　戻り値を用意することで、関数は変数などと同じ感覚で利用できるようになります。例えば、整数の値を戻り値として返す関数は、整数の変数などと同じように別の変数に代入したり、式の中で使ったりすることができます。

　では、戻り値を利用した例を作成してみましょう。

リスト7-2-4

 あなた

戻り値のある関数を利用した簡単なサンプルコードを3つ作ってください。関数定義はそれぞれ5行以内、それぞれコードと関数の説明を200文字前後でつけてください。

 ChatGPT

1. 加算関数:

```
def add_numbers(a, b):
    result = a + b
    return result
```

関数呼び出し

```
sum_result = add_numbers(3, 5)
print(f"加算結果: {sum_result}")
```

この関数は、引数として渡された2つの数値を加算し、結果を返す。例では3と5を加算し、結果を表示している。

2. 文字列反転関数:

```
def reverse_string(s):
    reversed_str = s[::-1]
    return reversed_str
```

関数呼び出し

```
original_str = "Hello"
reversed_result = reverse_string(original_str)
print(f"反転結果: {reversed_result}")
```

この関数は、引数として渡された文字列を逆順に反転させる。例では"Hello"を反転し、結果を表示している。

3. 平均計算関数:

```
def calculate_average(numbers):
    avg = sum(numbers) / len(numbers)
    return avg
```

関数呼び出し

```
num_list = [10, 20, 30, 40, 50]
average_result = calculate_average(num_list)
print(f"平均値: {average_result}")
```

この関数は、引数として渡された数値リストの平均値を計算する。例では[10, 20, 30, 40, 50]の平均を表示している。

戻り値があると、関数の結果をプログラムの中で簡単に利用できるようになります。生成されたコードを実際に試してみましょう。「3. 平均計算関数」のコードを修正し、以下のようにしてセルに記述してください。

リスト7-2-5

```
01  num1 = 123 # @param {type:"integer"}
02  num2 = 456 # @param {type:"integer"}         ━━━━━━━━ ■
03  num3 = 789 # @param {type:"integer"}
04
05  def average(numbers):                         ━━━━━━━━ ❷
06      avg = sum(numbers) / len(numbers)
07      return avg
08
09  # 関数呼び出し
10  num_list = [num1, num2, num3]
11  average_result = average(num_list)            ━━━━━━━━ ❸
12  print(num_list)
13  print(f"リストの平均値: {average_result}")
```

図7-2-3　3つの値を入力するとその平均を計算する

ここでは3つの値を入力するフィールドが用意されています（**1**）。それぞれ適当に値を入力してセルを実行すると、その平均が計算され表示されます。

　ここでは、以下のような形でaverage関数を定義しています（**2**）。

```
def average(numbers):
```

　この引数numberは、関数を呼び出す際、数字の入ったリストを受け取ることを想定しています。関数内での処理を見るとこのようになっていますね。

```
avg = sum(numbers) / len(numbers)
return avg
```

　ここでは「sum」という関数を使っています。これは引数のリストにある値の合計を計算するものです。これで合計を計算し、lenでリストの要素数を取得して割れば平均が計算できますね。こうして得られた値をreturnで返しています。

　この関数の呼び出し元を見ると、このようになっていました（**3**）。

```
average_result = average(num_list)
```

　これで、averateの戻り値はaverage_resultという変数に代入されました。後は、この変数をいろいろと利用すればいいのです。

03 データ集計の関数を作ろう

　では、関数を利用するとどのように便利になるのか、もう少し実用的なサンプル
で試してみましょう。

　前章の最後に、データを管理するサンプルを作りましたね。あれと同じように、
リストと辞書でデータを作成し、これを集計する関数を作成して使ってみることに
しましょう。

　まずはデータからです。今回は、あらかじめサンプルデータを用意しておくこと
にしましょう。

リスト7-3-1

```
01  sample_data = [
02    {"label":"A", "x":123, "y":456},
03    {"label":"B", "x":567, "y":890},
04    {"label":"C", "x":12, "y":34},
05    {"label":"A", "x":135, "y":468},
06    {"label":"B", "x":678, "y":987},
07    {"label":"C", "x":21, "y":45},
08    {"label":"A", "x":98, "y":390},
09    {"label":"B", "x":765, "y":654},
10    {"label":"C", "x":23, "y":32},
11  ]
```

　これをセルに書いて実行すると、sample_dataという変数にサンプルデータが
保管されます。各データには、label、x、yという3つの値が辞書にまとめられて
います。labelではA、B、Cの3つのラベルのどれかが設定され、xとyにそれぞ
れ数値が設定されています。これはダミーデータなので、xとyの値はそれぞれで
自由に設定して構いません。またlabelもA、B、Cのいずれかであれば変更しても
OKです。

💡 集計用関数を作る

　では、用意したデータをいろいろと集計する関数を作ってみることにしましょう。
ここでは3つの関数を考えてみます。

- total … すべての項目のxとyの値の合計を計算する
- total_by_label … 指定したラベルのxとyの値を集計する

- `total_by_xy` … xまたはyの値をラベル別に集計する

　これらの関数が用意できれば、データの集計も簡単に行えるようになるはずですね。では新しいセルを用意してコードを記述しましょう。

リスト7-3-2

```
01  def total():  ─────────── xとyをそれぞれ集計する関数
02    result = {"x":0, "y":0}
03    for item in sample_data:
04      result["x"] += item["x"]
05      result["y"] += item["y"]
06    return result
07
08  def total_by_label(label):  ─────── 指定したラベル項目で集計する関数
09    result = {"x":0, "y":0}
10    for item in sample_data:
11      if item["label"] == label:
12        result["x"] += item["x"]
13        result["y"] += item["y"]
14    return result
15
16  def total_by_xy(xy):  ─────────── xまたはyをラベル項目ごとに集計する関数
17    result = {"A":0, "B":0, "C":0}
18    for item in sample_data:
19      if item["label"] == "A":
20        result["A"] += item[xy]
21      if item["label"] == "B":
22        result["B"] += item[xy]
23      if item["label"] == "C":
24        result["C"] += item[xy]
25    return result
```

　セルを実行しても何も表示はされませんが、用意した3つの関数がメモリ内に配置され、利用できるようになります。

　各関数とも、基本的な流れは同じです。resultに初期状態（すべての値がゼロ）の辞書を用意しておき、for item in sample_data:で全要素を順に取り出して必要に応じて値をresultに加算していきます。totalは単純にxとyを加算していきますし、total_by_labelでは引数で指定したラベルの項目のみ加算していきます。そしてtotal_by_xyではxまたはyの値をラベルごとに加算していきます。

　集計の仕方が異なるだけで、基本的な処理の流れはほぼ同じなのがわかるでしょう。

💡 データを集計しよう

では、用意した関数を使ってデータの集計を行いましょう。新しいセルを作成し、以下のように記述をしてください。

リスト7-3-3

```
01  print("※合計")
02  print(total()) ──────────────────── xとyをそれぞれ集計
03  print()
04  print("※ラベルごとのx,yの合計")
05  print(f'A {total_by_label("A")}') ──────── ラベル「A」で集計
06  print(f'B {total_by_label("B")}') ──────── ラベル「B」で集計
07  print(f'C {total_by_label("C")}') ──────── ラベル「C」で集計
08  print()
09  print("※データごとの各ラベルの合計")
10  print(f'x {total_by_xy("x")}') ───────── 「x」で集計
11  print(f'y {total_by_xy("y")}') ───────── 「y」で集計
```

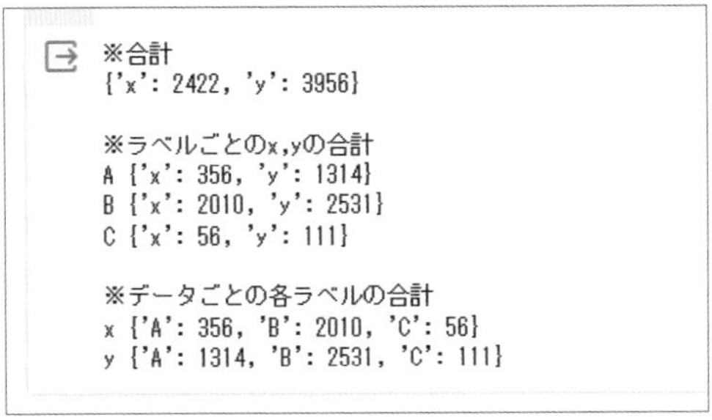

```
⤷  ※合計
    {'x': 2422, 'y': 3956}

    ※ラベルごとのx,yの合計
    A {'x': 356, 'y': 1314}
    B {'x': 2010, 'y': 2531}
    C {'x': 56, 'y': 111}

    ※データごとの各ラベルの合計
    x {'A': 356, 'B': 2010, 'C': 56}
    y {'A': 1314, 'B': 2531, 'C': 111}
```

図7-3-1　データを集計し結果を表示する

実行すると、sample_dataのデータを色々と集計して表示していきます。以下のように結果が表示されるでしょう。

```
※合計
{'x': 2422, 'y': 3956}

※ラベルごとのx,yの合計
A {'x': 356, 'y': 1314}
B {'x': 2010, 'y': 2531}
C {'x': 56, 'y': 111}

※データごとの各ラベルの合計
x {'A': 356, 'B': 2010, 'C': 56}
y {'A': 1314, 'B': 2531, 'C': 111}
```

xとyの合計のあとに、A、B、Cのラベルごとのxとyの合計、そしてxとyそれぞれをラベルごとに集計したものが表示されます。いずれも、total、total_by_labelとtotal_by_xyを呼び出すだけで集計結果を得ることができます。

　関数を定義していなかったら、これらの集計をするため、何度もforでデータの全要素を計算していかないといけないでしょう。複雑で面倒な処理ほど、関数として定義しておけば後の作業が格段に楽になるのです。

04 クラスを作ろう

　先ほどの集計用関数は、用意しておいたデータを元に集計処理を行いました。が、もしデータが用意されていなかったらどうなるでしょうか。あるいは、作成したデータの内容が予想していたものとは違っていたら？　関数はもう使えません。データを作り直すか、あるいは用意されたデータに合わせて関数を作り直すかしないといけないでしょう。

　このような問題は、データと集計用関数がそれぞれバラバラに作成されているために起こります。本格的な業務になれば、データの作成と関数定義を別の人が行うようなこともあるでしょう。こんなとき、ちょっとした行き違いでデータのフォーマットと関数定義が噛み合わないものになってしまった、なんてことはありそうですね。

　データと処理をすべて一つにまとめて扱うような仕組みがあれば、こうした問題は解決します。あるオブジェクトの中にデータも処理もすべて入っていて、そのオブジェクトの中ですべて完結している。そんなものを作成できればいいのです。

　このようなときに使われるのが「クラス」です。クラスは、初心者にはちょっと難しいものですが、これがわからないと便利なライブラリなどもうまく使えないので、「最低限、これぐらいは知っておきたい」ということに絞って説明しておきましょう。

クラスはデータと操作をひとまとめにしたもの

　クラスは、「関連するデータ（変数）や操作（関数）を一つにまとめたもの」なのですね。この「データ」と「操作」の2つが、クラスに用意できるものです。これらは、「属性」「メソッド」と呼ばれます。

- **属性** … クラスに用意される変数。そのクラスで使う様々なデータを保管するもの
- **メソッド** … クラスに用意される関数。そのクラスを操作するための処理を実装するもの

図 7-4-1　クラスは「属性」と「メソッド」がある

　「クラスを作る」というのは、この2つの要素を用意することだ、と考えていいで
しょう。このクラスは以下のように定義します。

クラスの定義

```
class クラス名
    # 属性
    変数 = 値

    # メソッド
    def メソッド名(引数):
        メソッドの処理
```

　では、実際に簡単なクラスを作成してみましょう。Colabのセルに以下のように
記述してください。

リスト7-4-1

```
01  class Person:
02      name = "noname"
03      age = 0
```

　これで「Person」というクラスが定義されました。Personの中には、nameと
ageという変数属性を用意しておきました。単純ですが、これでも立派なクラスで
す。

05 クラスを利用しよう

　では、作成したクラスはどうやって利用すればいいのでしょうか。これは、「インスタンス」というものを作成して使います。

　インスタンスとは、クラスをもとにして作られた、実際に操作可能なオブジェクトのことです。クラスというのは、実はそのまま使うものではありません（使うこともできますが、普通は使いません）。クラスは、いわば「オブジェクトの設計図」なのです。このクラスを元に、実際に操作できるオブジェクトとして作られたのが「インスタンス」です。

　インスタンスは、以下のようにして作ります。

インスタンスの作成

```
変数 = クラス()
```

　クラスの後に()をつけて呼び
出せば、クラスのインスタンス
が作られます。通常はこれをそ
のまま変数に代入し、後は変数
を利用して操作をしていきます。

図 7-5-1　クラスは設計図(左)で、これを元に作ったもの(右)がインスタンス

💡 インスタンスを使ってみる

　では、先ほど定義したPersonクラスのインスタンスを作って使ってみましょう。セルに以下のように記述をして実行してください。

リスト7-5-1

```
01  p = Person()                                    ■1
02  p.name = "ハナコ"
03  p.age = 28                                      ■2
04  print(f"{p.name} ({p.age})")                    ■3
```

```
⊡  ハナコ (28)
```
図7-5-2
実行すると「ハナコ (28)」と表示される

　ここでは、まずPerson()でインスタンスを作り、変数pに代入しています（■1）。そしてその後で、nameとageに値を設定しています。この部分ですね（■2）。

```
p.name = "ハナコ"
p.age = 28
```

　これらの属性の変数は、インスタンスごとに値を保管する変数ということから「インスタンス変数」と呼ばれます。これらは、このように「インスタンス.変数」というようにインスタンス変数の後にドットを付け、その後に変数名を指定して呼び出します。これでnameとageの値が設定されました。その後にある、インスタンスの内容を表示するprintでは以下のように出力をしていますね（■3）。

```
print(f"{p.name} ({p.age})")
```

　p.nameとp.ageとしてインスタンス変数を表示していますね。これがインスタンスの基本的な使い方です。インスタンスを作成して変数に代入し、その変数（インスタンス変数）を使って操作するのですね。

メソッドを作ろう

　インスタンス変数が使えるようになったら、次はメソッドを使ってみましょう。メソッドは、クラスに用意される関数なのですが、普通の関数とは少しだけ違います。以下のように定義するのです。

メソッドの定義
```
def メソッド名(self, 引数):
    処理内容
```

わかりますか？　引数のところには、最初に「self」というものが用意されます。selfは、このインスタンスそのものを示す特別な変数です。インスタンスのメソッド内から、このインスタンスにある機能（属性など）を利用するときは、このselfを利用して「self.〇〇」というように指定して使うのです。

では、先ほどのPersonにメソッドを追加してみましょう。**リスト7-4-2**を記述したセルを以下のように修正し、再実行しておきましょう。

リスト7-5-2

```
01  class Person:
02      name = "noname"
03      age = 0
04
05      def print(self):
06          print(f"{self.name}({self.age})")   ────── メソッド
```

ここでは「print」というメソッドを用意しました。メソッドでは、printを使って f"{self.name}({self.age})"というようにインスタンス変数を出力しています。引数のselfはこのように使われるのですね。

☀️「属性とメソッド」「クラスとインスタンス」

クラスの基本は、これだけです。クラスの定義などは慣れないと難しいかもしれませんが、とりあえず以下のことだけきちんと頭に入れておいてください。

● クラスは、値を保管する「属性」と、処理を実行する「メソッド」がある。属性は、クラスが持っている変数で、一般に「インスタンス変数」と呼ぶ。メソッドは、クラスにある関数のこと。クラスに用意するのはこの2つだけ。

● クラスは、そのまま利用することはあまりなくて、「インスタンス」というのを作って利用する。インスタンスから属性やメソッドを呼び出すときは「インスタンス.〇〇」というようにドットを付けて書く。

これだけしっかり頭に入れておけば、クラスを利用することはできるようになります。クラスはPythonの文法の中では難しいものですが、さまざまなライブラリなどで実際にクラスを利用するようになれば、自然と使い方もわかってきます。今は「必要最低限のことだけわかればOK」と割り切って考えましょう。

Chapter 8

pandasライブラリを使って
データ処理をしよう

この章のポイント
- DataFrameのデータ管理の基本を覚えましょう。
- 各種の統計量計算の方法を理解しましょう。
- さまざまな種類のグラフを使いデータを視覚化しましょう。

01 ライブラリを使おう
02 DataFrameでデータを管理しよう
03 データの操作をしよう
04 ファイルを利用しよう
05 統計処理を行おう
06 plotでグラフを描こう

01 ライブラリを使おう

　ここまでの学習で、Pythonには数値やテキストなどのさまざまな値のタイプがあること、また複雑なデータなどを扱うためのコレクションを利用したり、もっと複雑なデータなどを管理するにはクラスを定義すると良いことなどを学びました。

　これらからわかることは、「難しいことをしたければ、自分で関数やクラスを定義しなさい」ということです。これは、確かにその通りです。けれど、「基本の値だけ用意してあるから、後は全部自分でなんとかしろ」では途方に暮れてしまうでしょう。

　実をいえば、Pythonには「作ったプログラムをライブラリとして公開し、自由に使えるようにする機能」も用意されているのです。これにより、さまざまな便利プログラムを自分のプログラム内から利用できるようになっています。

　なにかやりたいことがあれば、それを実現するために役立つライブラリを用意し、その中にある機能を利用すればいいのです。こうすれば、「すべて自分で作る」より圧倒的に簡単かつ効率的にプログラムを作成していけます。

　そこで、この章では便利なライブラリを使ってみましょう。Pythonでは、標準で用意されているライブラリ以外にも膨大な数のライブラリが流通しています。これら外部ライブラリを必要に応じてインストールすることで、さまざまな機能をPythonに追加することができます。

💡 pandasライブラリをインストールしよう

　ここでは、データの管理を行う際に利用される「pandas」というライブラリの「DataFrame」という機能の使い方を説明します。

　pandasは、Python用ライブラリの中でも一二を争うほど広く利用されているライブラリです。Pythonは、特にデータ処理や数値処理などの分野で活用されていますが、こうしたデータ処理や統計処理、さらにデータの視覚化 (グラフ作成) においてpandasは圧倒的に支持されています。Pythonでデータ処理を考えているなら、必ずpandasを利用することになるでしょう。

　このpandasは広く利用されていることから、Colabでは最初から組み込み済みになっています。このため、利用するためにインストールなどの作業をする必要は一切ありません。

　ただし、自分でローカル環境にPythonのソフトウェアをインストールして利用するような場合には、インストール作業が必要となります。これは、コマンドプロンプトやターミナルなどのコマンド実行ツールを使います。コマンドを実行する

ツール (p.042参照) を起動し、以下のコマンドを実行してください。これで、pandasライブラリがローカル環境にインストールされます。

リスト8-1-1

```
pip install pandas
```

図 8-1-1　Python のソフトウェアを利用する場合は、コマンドの実行ツールから pip コマンドを実行する

 pipコマンドについて

ここで利用したのは「pip」というコマンドです。pipは、Pythonのライブラリ類を管理するためのユーティリティコマンドです。Pythonのライブラリ類はオンラインで管理されており、このpipコマンドを使って利用できるようになっています。

使いたいライブラリをローカル環境にインストールするには以下のように実行します。

ライブラリのインストール方法

```
pip install ライブラリ名
```

これだけでネットワーク経由でライブラリをダウンロードし、ローカルのPython環境に追加してくれます。

Colabを利用していてライブラリを追加したい場合も、このpipコマンドが使えます。ただしColabの場合は書き方に注意が必要です。

Colabでのライブラリのインストール方法 (最初に!を付ける)

```
!pip install ライブラリ名
```

セルにこのように記述して実行すれば、ランタイム環境にライブラリをインストールできます。なお、現在のColabではpipなどのコマンドは!をつけなくとも実行できるようになっています。ただ、!をつけないと動かないコマンドもあるので、「コマンドは基本的に!をつける」と考えておきましょう。

02 DataFrameで データを管理しよう

pandasとDataFrame

では、pandasというライブラリについて説明しましょう。pandasは、データ解析のためのライブラリです。この中にはさまざまなデータ構造を扱うためのクラスが用意されており、それらを活用して多量のデータを処理することができます。

pandasにはいくつかのデータ構造のクラスが用意されていますが、中でももっともよく利用されるのが「DataFrame」というものです。これは、表計算のように縦横にズラッと並んだデータを扱うときに使います。

では、DataFrameの使い方をAIに聞いてみましょう。

リスト8-2-1

あなた

pandas.DataFrameについてわかりやすく教えて。

ChatGPT

pandasは、Pythonのデータ分析ライブラリで、データフレームという表形式のデータ構造を提供します。データフレームは行と列からなる2次元のデータ構造で、ExcelスプレッドシートやSQLテーブルのような形式でデータを処理できます。以下に、`pandas.DataFrame`の基本的な使い方を簡単に説明します。

まずは**pandas**ライブラリをインポートします：

```
import pandas as pd
```

DataFrameは「行と列からなる2次元のデータ構造」なのですね。表計算ソフトでは、「A」「B」「C」というように列が並び、行ごとにデータなどが記述されています。あれと同じような構造のデータを扱うのがDataFrameなのです。

ライブラリのプログラムは「モジュール」と呼ばれるものの集まりになっており、使用するモジュールを「import」を使ってコードに読み込みます。DataFrameを利用するのには、まずpandasモジュールを読み込んでおきます。

pandasモジュールの読み込み

```
import pandas as pd
```

pandasを読み込むだけならば「import pandas」でOKです。ただし、プログラムの中でpandasのDataFrameを利用する場合、「pandas.DataFrame」のように書かないといけません。毎回これを書くのはちょっと面倒ですね。

そこで「as pd」というのをつけて、pandasを「pd」という名前で読み込んでおきます。こうすると「pd.DataFrame」というように少しだけ短く書けるようになります。

DataFrameを作ろう

では、DataFrameを利用しましょう。まずは、データを用意してDataFrameクラスのインスタンス（p.176参照）を作成します。前回、DataFrameについて尋ねたとき、AIは以下のように説明を続けました。

 ChatGPT（続き）
データフレームの作成

データフレームを作成するには、さまざまな方法がありますが、一般的にはリスト、辞書、numpyの配列などから作成します。

```
# リストからデータフレームを作成
data = {
    '学生ID': [1, 2, 3, 4, 5],
    '名前': ['太郎', '花子', '次郎', '絵美', '健太'],
    '数学': [85, 90, 78, 92, 88],
    '英語': [80, 88, 92, 76, 90],
    '科学': [92, 85, 88, 94, 87]
}

df = pd.DataFrame(data)
print(df)
```

これにより、以下のようなデータフレームができます：

```
   学生ID  名前  数学  英語  科学
0     1  太郎  85  71  92
1     2  花子  90  88  85
2     3  次郎  70  92  68
3     4  絵美  82  66  94
4     5  健太  78  80  77
```

DataFrameは、列と行でデータを管理する、「2次元データ」というものです。これを作るには、各列のデータをリストにまとめたものを、さらにリストや辞書に

まとめればいいのです。

　では、サンプルで挙げられているコードを見ながらDataFrameを作っていきましょう。まず、元になるデータを変数dataに用意しています。

リスト8-2-2

```
01  data = {
02      '学生ID': [1, 2, 3, 4, 5],
03      '名前': ['太郎', '花子', '次郎', '絵美', '健太'],
04      '数学': [85, 90, 78, 92, 88],
05      '英語': [80, 88, 92, 76, 90],
06      '科学': [92, 85, 88, 94, 87]
07  }
```

　ここでは、「学生ID」「名前」「数学」「英語」「科学」という5つの列のデータを用意してあります。そして、それぞれにデータをリストにして用意しています。リストには、各学生の情報が学生ID順に用意されていますね。

　例えば、1行目のデータは、以下のようになっています。

```
学生ID=1, 名前=太郎, 数学=85, 英語=80, 科学=92
```

　太郎の成績が最初のデータに用意されています。「名前」に設定されているリストを見ると、['太郎', '花子', '次郎', '絵美', '健太']となっていますね？
　この名前の順に、数学・英語・科学の点数が用意されているのですね。
　このように、2次元データを作成するときには、「各リストの値の順番を揃える」「すべてのリストの要素は同じ数になる」という点に注意してください。

☀ DataFrameを表示しよう

　データが用意できたら、DataFarmeインスタンスを作って表示してみましょう。これは以下のように記述します。

リスト8-2-3

```
01  df = pd.DataFrame(data)
02  print("学生の成績データ:")
03  df
```

　pd.DataFrameという形でDataFrameクラスを指定し、引数に先ほどのdataを指定します。これで、dataをデータに持つDataFrameが作られます。

表示される表では、dataの「学生ID」「名前」といった項目がそれぞれ表の列となり、各データが縦方向に表示されていきます。ChatGPTが回答したサンプルでは、その後にprint(df)でDataFrameを表示していましたが、Colabを利用している場合はprintを使わず、ただ「df」

学生の成績データ:					
	学生ID	名前	数学	英語	科学
0	1	太郎	85	71	92
1	2	花子	90	88	85
2	3	次郎	70	92	68
3	4	絵美	82	66	94
4	5	健太	78	80	77

図 8-2-1 　作成された DataFrame がきれいにフォーマットされて表示される

とだけ記述しましょう。すると、きれいにフォーマットされた表としてデータが表示されるようになります。これは、Colab特有の機能です。

　表示された表の右側には、2つのアイコンが表示されているでしょう。これらは、より使いやすい表と、グラフを表示するためのものです。

💡 表の表示デザインについて

　上にある表のアイコン（⊞）をクリックしてみてください。表のデザインが変わります。この表はGoogleの「Data Table」というものを利用して作られており、各列のラベル部分をクリックすることで、その列でデータを並べ替えることができます。また一度に表示できるデータ数も調整できます。

　このData Tableを使ったデータの表示は、常にONにしておくこともできます。これは以下のコードをセルで実行するだけです。以後、DataFrameの表示する表はすべてData Tableの表が使われるようになります。

リスト8-2-4

```
01  from google.colab import data_table
02  data_table.enable_dataframe_formatter()
```

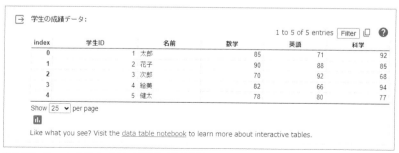

図 8-2-2　Google の Data Table を利用した表の表示

特定のデータだけを取り出そう

　DataFrameは、リスト (p.124参照) などと同じような形でデータにアクセスできます。DataFrameが代入されている変数の後に [ ] をつけて取り出す要素の番号を指定すればいいのです。

　例えば、以下のようにセルに書いて実行してみましょう。

リスト8-2-5

```
01 df[0:2]
```

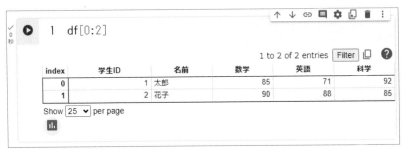

図8-2-3　df[0:2] を指定すると、ゼロ以上2未満のデータだけが表示される

　これを実行すると、インデックスがゼロ～2の範囲の行データが表示されます。ここでは、[0:2]というようにしてインデックスを指定しています。リストのインデックスの指定と同じやり方ですね。

　データから特定の行を取り出すのはこれでできました。では、特定の列だけ取り出すにはどうすればいいのでしょうか。

　これは、[ ]部分に列名のリストを指定します。つまり、こうですね。

DataFrameから特定の列だけ取り出す

```
《DataFrame》[ [列名A，列名B，……] ]
```

　[ ]の中に、取り出す列名をリストにまとめたものを指定するのです。では、これもやってみましょう。セルに以下を書いて実行してください。

リスト8-2-6

```
01 df[["名前", "英語", "数学"]]
```

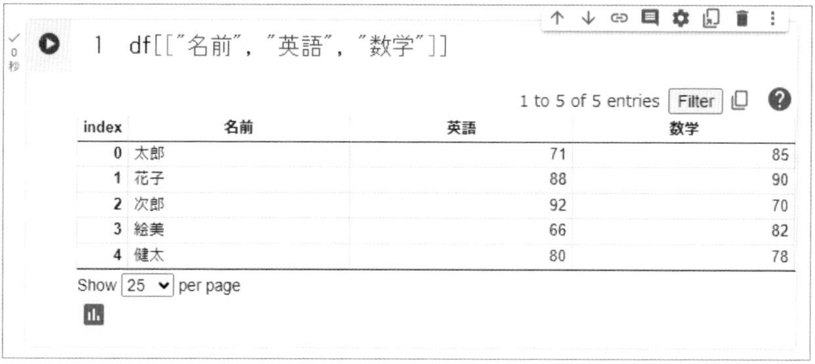

index	名前	英語	数学
0	太郎	71	85
1	花子	88	90
2	次郎	92	70
3	絵美	66	82
4	健太	80	78

図 8-2-4　名前、英語、数学のデータだけを表示する

これで、名前・英語・数学の３列のデータだけが表示されます。必要な列だけを取り出せるようになりました。

条件で絞り込む

DataFrameの[]部分は、列名やインデックスの番号だけでなく、データを取り出す条件となる式を指定することもできます。例えば、以下のような文をセルに書いて実行してみましょう。

リスト 8-2-7

```
01  df[df["数学"] > 80]
```

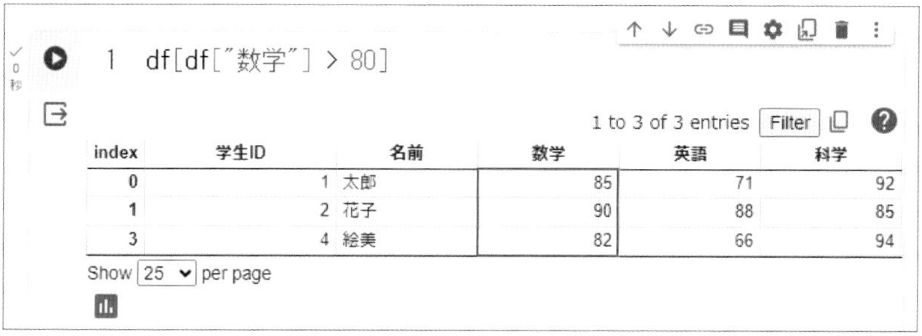

index	学生ID	名前	数学	英語	科学
0	1	太郎	85	71	92
1	2	花子	90	88	85
3	4	絵美	82	66	94

図 8-2-5　数学が 80 以上のデータだけを表示する

これを実行すると、数学の得点が80より大きいデータだけを取り出して表示します。ここでは[]内に「`df["数学"] > 80`」という式が用意されていますね。このように取り出したいデータの条件を式で記述しておくことで、その条件を満たすデータだけをピックアップし取り出すことができます。

03 データの操作をしよう

作成されたDataFrameのデータは、後から自由に操作することもできます。まずは、データの作成・編集について説明しましょう。

データの作成や編集は、DataFrameのloc属性を使って指定し操作できます。これは以下のように行います。

DataFrameの行データを設定する

```
《DataFrame》.loc[ インデックス ] = リスト
```

loc[番号]というようにしてインデックスの番号を指定し、行データをリストにまとめたものを代入すると、そのインデックスの行データが設定されます。既にデータがあればデータが更新され、なければ新たに追加されます。非常に簡単ですね!

では、例としてデータを追加するサンプルを作ってみましょう。

リスト8-3-1

```
01 student_name = "\u30B5\u30C1\u5B50" # @param {type:"string"}
02 math = 67 # @param {type:"integer"}
03 english = 78 # @param {type:"integer"}
04 science = 59 # @param {type:"integer"}
05
06 id = len(df) ──────────────────────────────────────1
07 new_data = [
08   id + 1,
09   student_name,
10   math,
11   english,
12   science
13 ]
14 df.loc[id] = new_data ────────────────────────────2
15 print("データを追加しました。")
16 new_data
```

student_name:	"サチ子
math:	67
english:	78
science:	59

```
→ データを追加しました。
  [5, 'サチ子', 67, 78, 59]
```

学生の成績データ:

1 to 6 of 6 entries | Filter | 📋 | ❓

index	学生ID	名前	数学	英語	科学
0	1	太郎	85	71	92
1	2	花子	90	88	85
2	3	次郎	70	92	68
3	4	絵美	82	66	94
4	5	健太	78	80	77
5	6	サチ子	67	78	59

Show 25 ∨ per page

📊

図 8-3-1　新しい行データを追加する

　名前、数学、英語、科学の各項目に値を入力し、セルを実行すると、そのデータがDataFrameに追加されます。ここでは、`id = len(df)`でDataFrameのデータの数を調べ（）、`df.loc[id] = new_data`というようにして値を追加しています（）。DataFrameのインデックスはゼロから始まっていましたね？　ということは、5個のデータがある場合は、インデックスは0〜4が割り振られています。従って、インデックス5にデータを設定すれば、最後にデータが追加できます。「データ数のインデックスに値を設定すると最後に追加される」というわけです。実際にいくつかデータを追加して動作を確認しましょう。

🎖 **COLUMN　DataFrameのインデックスは通し番号ではない！**

DataFrameでは、locでインデックスを指定して値を代入すれば、その番号に値が代入されました。では、もし「1000001」のように大きな値を指定してしまったらどうなるのでしょうか？
こうすると、行の最後に1000001というインデックスのデータが追加されます。DataFrameのインデックスは、リストのような通し番号ではないのです。「各行データに整理用の番号が設定されている」という程度のものであり、必ずしもきれいに並んでいるとは限りません。
ですから、大きな番号を指定すると、データはインデックスが[0, 1, 2, 3, 4, 1000001]というようにその番号だけが追加されて作成されます。

💡 concatを使ったやり方

　locでインデックスを指定するやり方は、インデックスの番号をきちんと管理していないといけません。既にデータがあるのに気づかずに上書きしてしまったり、インデックスの値が通り番号にならないこともあるでしょう。そこで、インデックスを自動で割り当てるデータの追加についても触れておきましょう。
　これは、pandasにある「`pd.concat`」というメソッドを使います。

pd.concatの使い方

```
pd.concat([《DataFrame》,《DataFrame》], ignore_index=真偽値)
```

concatは、複数のDataFrameを1つにまとめるものです。引数には、元のデータの DataFrameと、追加したいデータのDataFrameをリストにまとめたものを用意します。またignore_index=Trueを指定すると、既に設定されているインデックスの値を無視して新たにインデックスを割り振り直します。

このconcat自体は、DataFrameを操作しません。これは、DataFrameを結合したものを戻り値として返すだけです。従って、返されたDataFrameインスタンスを変数に入れるなどして利用することになるでしょう。

では、先ほどのコードを集成して、concatを使う形に書き換えてみましょう。

リスト8-3-2

```
01  student_name = "" # @param {type:"string"}
02  math = 67 # @param {type:"integer"}
03  english = 78 # @param {type:"integer"}
04  science = 59 # @param {type:"integer"}
05
06  new_data = pd.DataFrame([{
07      "学生ID": len(df) + 1,
08      "名前":student_name,
09      "数学":math,
10      "英語":english,
11      "科学":science
12  }])
13  df = pd.concat([df,new_data], ignore_index=True)
14  print("データを追加しました。")
15  new_data
```

ここの`new_data`の作成部分が **1**、`df = pd.concat(...)` の行が **2**

図8-3-2 実行すると、フォームで入力したデータを df に追加する

セルに表示されるフィールドに名前と3教科の点数を記入してセルを実行すると、入力したデータを元にDataFrameを作成し（**1**）、これをconcatでdfとつなげています（**2**）。ignore_index=Trueを指定することで、追加するDataFrameのインデックスはきちんとつながるように設定されます。

concatは、データの追加ではなく、あくまで「DataFrameを1つにつなげる」というものです。ですから、例えば複数のデータをまとめて追加したりすることもできます。

```
student_name = "" # @param {type:"string"}

math = 67 # @param {type:"integer"}

english = 78 # @param {type:"integer"}

science = 59 # @param {type:"integer"}
         └──── フォームで入力された値が代入される

new_data = pd.DataFrame([{ ────────── DataFrameを作成する

  " 学生ID": len(df) + 1,
             「データの数＋1」をidに代入

  " 名前": student_name,

  " 数学": math,
                           ──── フォーム入力を代入した変数を設定
  " 英語": english,

  " 科学": science

}])
                      ┌──── リスト8-2-4で作成したDataFrame
df = pd.concat([df, new_data], ignore_index=True)
                             上で作成したDataFrame

結合したDataFrameを、dfに代入

print(" データを追加しました。")

new_data
```

図8-3-3　リスト8-3-2の動き

💡 データを削除しよう

では、データの削除はどう行うのでしょうか。これは、DataFrameの「drop」というメソッドを利用します。

DataFrameの行データを削除する

```
《DataFrame》.drop( インデックス )
```

引数にインデックスの番号を指定すると、そのデータを削除したDataFrameを返します。DataFrameそのものは書き換えないので、戻り値を変数などに入れて利用します。では、これも利用例をあげておきましょう。

リスト8-3-3

```
01 id = 5 # @param {type:"integer"}
02 df = df.drop(id)
03 print("データを削除しました。")
04 df
```

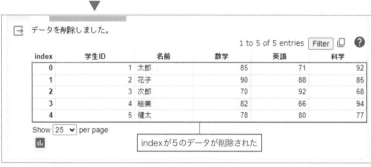

図8-3-4　入力したインデックスのデータを削除する

ここでは、インデックスの番号を入力するフィールドを1つ用意しました。これで番号を指定し、セルを実行すると、指定した番号のデータが削除されます。

この他、[ ]の記述を活用してデータを取り除くことも可能です。例えば、こんな具合です。

```
df = df[ df["数学"] < 80 ]
```

これで、"数学"の値が80未満のデータをすべて取り除くことができます。df[df["数学"] < 80]]で、数学が80未満のデータだけを表示できましたね？　それをそのままdfに代入し直せばいいのです。このテクニックは、条件で絞り込んだデータを利用したいときに役立ちますね！

04 ファイルを利用しよう

編集したデータは、そのままだとColabのランタイムが終了したら消えてしまいます。データをファイルに保存したり、ファイルから読み込んだりする方法についても覚えておきたいですね。

では、ファイルへの保存や読み込みについてAIに聞いてみましょう。

リスト8-4-1

 あなた
Pythonのpandas.DataFrameで、データをCSV・JSONに保存する方法、これらのファイルから読み込む方法をわかりやすく教えて。

 ChatGPT
Pandasを使用してDataFrameをCSVおよびJSONファイルに保存し、それらのファイルから読み込む方法について、以下に簡単な例を示します。

……以下略……

この後にCSVとJSONファイルへの保存と読み込みのサンプルコードがずらっと出力されました。まぁ、確かに読めばわかるかもしれませんが、メソッドの働きなどは詳しく説明されません。こういうことはよくあります。説明よりサンプルコード中心の応答になってしまうということは。

こういうときは、改めて質問し直します。サンプルコードがいくつも出力されているので、そこで使われているメソッドの使い方を再質問すればいいでしょう。

リスト8-4-2

 あなた
これらのメソッドの働きと使い方について小学生でもわかるように教えて。

 ChatGPT
もちろんです！PythonのPandasライブラリの`to_csv`および`to_json`メソッドは、DataFrame（表形式のデータ）をCSV形式またはJSON形式のファイルに保存するためのものです。

CSVファイルへの保存 (to_csv メソッド)

保存の仕組み:
to_csv メソッドは、DataFrameのデータをCSV (Comma Separated Values) 形式に変換し、指定されたファイルに保存します。CSV形式では、データがカンマで区切られたテキストとして保存されます。

例:

```
import pandas as pd

# DataFrame を作成
data = {…略…}
df = pd.DataFrame(data)

# CSV ファイルに保存
df.to_csv('data.csv', index=False)  # index=Falseで行番号を
保存しない
```

この例では、'data.csv'というファイルにCSV形式でデータが保存されます。

JSONファイルへの保存 (to_json メソッド)

保存の仕組み:
to_json メソッドは、DataFrameのデータをJSON (JavaScript Object Notation) 形式に変換し、指定されたファイルに保存します。JSON形式では、データが階層的なキーと値の組み合わせで表現されます。

例:

```
import pandas as pd

# DataFrame を作成
data = {…略…}
df = pd.DataFrame(data)

# JSON ファイルに保存
df.to_json('data.json', orient='records')  #
orient='records' でレコードごとに保存
```

この例では、'data.json'というファイルにJSON形式でデータが保存されます。
orient='records'は、データをレコードごとに保存するオプションです。

　よりわかりやすく説明し、サンプルコードをつけて表示されました (サンプルコードの一部は省略してあります)。試したところ、説明は保存についてだけで、読み込みの説明が表示されませんでした。こういう場合は、あらためて読み込みのメソッドについて質問すればいいでしょう。

ある程度、使い方がわかってきたかもしれませんが、サンプルコードばかりでもっと基本の「このメソッドで、引数はこうで、戻り値はこうなんですよ」といった説明をして欲しいところですね。では、これ以降は人間が担当することにしましょう。

💡 CSV/JSONファイルへの読み書き

　では、ファイルに読み書きするためのメソッドに付いて説明します。よく利用されるフォーマットとして「CSV」と「JSON」についてまとめておきましょう。

● CSVファイルへの保存

```
《DataFrame》.to_csv(ファイル名, index=False)
```

　DataFrameのデータの保存としてもっともよく利用されるのが「CSV」ファイルです。CSVは、カンマで区切られた形でデータを記述します。中身はただのテキストファイルですから、ファイルをテキストエディタなどで開いて簡単に編集できますしカット＆ペーストでデータを利用するのも簡単です。
　ファイルへの保存は、DataFrameの「to_csv」メソッドを呼び出すだけです。引数には保存するファイル名を文字列で指定しておきます。また、「index」というオプションでインデックスを保存するかどうかも指定できます。index=Falseでインデックスは保存しない形にしておくのが一般的でしょう。

● JSONファイルへの保存

```
《DataFrame》.to_json(ファイル名, orient=形式)
```

　JSONファイルには、「to_json」メソッドを使います。これはファイル名の他に「orient」という値を用意します。これはデータをJSONフォーマットに変換する形式を示すもので、"split"と"records"の2つがあります。それぞれのフォーマットを簡単に整理しておきましょう。

"split"形式

```
{
  "columns": ["学生ID", "名前", ……],
  "index": [0, 1, 2, ……],
  "data":[
    [1, "太郎", 85, 71, 92],
```

```
       ……データが並ぶ……
    ]
}
```

"records"形式

```
{
  [
    {"学生ID":1, "名前": "太郎", ……},
     ……データが並ぶ……
  ]
}
```

"split"は、列名とインデックスをデータとは別にまとめ、データはリストのリストになっています。"records"は各データごとに列名をキーとした辞書を作成し、これをリストにまとめています。

データだけをまとめて取り出し利用したいときは"split"が便利でしょうし、1つ1つのデータごとに処理を行うなら"records"が便利でしょう。

では、簡単なサンプルを作成しておきましょう。

リスト8-4-3

```
file_name = "" # @param {type:"string"}
df.to_csv(f"{file_name}.csv", index=False)
df.to_json(f"{file_name}.json", orient="records")
print(f"成績データを「{file_name}」に保存しました。")
```

図8-4-1
入力したファイル名で保存する

ファイル名を記入するフィールドに名前を記述してセルを実行すると、変数df
の内容をCSVとJSONのファイルに保存します。ここでは、to_csvでは
index=Falseをつけてインデックスを保存しないようにし、to_jsonでは
orient="records"の形式を指定しておきました。

保存したファイルは、Colabのファイルブラウザに表示されます。これは、
Colabのランタイム環境内に保存されています。従ってランタイムとの接続が切
れると、保存したファイルも消えてしまいます。

保存されたファイルは必ずローカル環境（パソコンのハードディスクなど）に保

存しておきましょう。「ファイルブラウザ」パネル (p.021) で、ダウンロードし
たいファイルの右端の「：」をクリックし、「ダウンロード」メニューを選べばファ
イルをダウンロードできます。

図 8-4-2　ファイルブラウザで「ダウンロード」メニューを選んでファイ
ルをダウンロードできる

データを読み込もう

　続いて、データの読み込みです。これはDataFrameではなく、pandasの機能
として用意されています。やはりCSVとJSONのファイルの利用について説明して
おきましょう。

● CSVファイルの読み込み

```
変数 = pd.read_csv(ファイル名, index_col=列名)
```

　CSVファイルを読み込み、DataFrameを作成して返します。引数には読み込む
ファイル名を指定します。index_colに列名を指定すると、その列の値をイン
デックスとして使います。省略すると、インデックスは自動で割り振られます。
CSVファイルを保存する際、index=Falseを指定している場合は、index_
colオプションは省略すればいいでしょう。

● JSONファイルの読み込み

```
変数 = pd.read_json(ファイル名, orient=形式)
```

Chapter 8

JSONファイルを読み込み、DataFrameを作成して返します。引数にはファイル名と、orientを必ず指定します。orientの値は、読み込むCSVファイルを作成する際に指定したものと同じ値にしてください。orientの形式が違っていると正しく読み込めません。
では、これも簡単なサンプルを挙げておきましょう。

リスト8-4-4

```
file_name = "" # @param {type:"string"}
format = "csv" # @param ["csv", "json"]
if format == "csv":
  df = pd.read_csv(f'{file_name}.csv')
else:
  df = pd.read_json(f'{file_name}.json', orient='records')
print("ファイルからデータを読み込みました。")
```

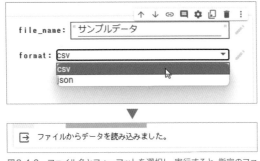

図8-4-3　ファイル名とフォーマットを選択し、実行すると、指定のファイルからデータを読み込む

ここでは、ファイル名を入力するフィールドと、ファイルのフォーマットを選択するプルダウンメニューを用意しました。これらを入力して実行すると、フォーマットが「csv」の場合はread_csvを使ってファイルを読み込み、フォーマットが「json」の場合は、read_jsonを使ってファイルを読み込みます。指定のファイルからデータを読み込み、変数dfに代入します。
これで、データを追加したり削除したりして編集しても、ファイルに保存して再利用できるようになりました！

05 統計処理を行おう

DataFrameを使ったデータの管理についてはだいぶわかってきました。DataFrameは、データの管理がしやすいから広く使われているわけではありません。様々なデータ処理の機能が充実しているからこそ使われているのです。

では、DataFrameに用意されている基本的な統計処理の機能についてAIに尋ねてみましょう。

リスト8-5-1

あなた

DataFrameの統計処理の基本についてわかりやすく教えて。

ChatGPT

DataFrameの統計処理は、データの中から有益な情報を取り出すために行われます。Pandasライブラリは、データの基本的な統計量を計算するための便利な機能を提供しています。以下に、DataFrameの統計処理の基本についてわかりやすく説明します。

1. 基本統計量の計算

`describe()`メソッドを使用して、DataFrameの基本統計量(平均、標準偏差、最小値、25パーセンタイル、中央値、75パーセンタイル、最大値など)を取得できます。

```
import pandas as pd

# サンプルのDataFrameを作成
data = pd.DataFrame({
    '列1': [1, 2, 3, 4, 5],
    '列2': [10, 20, 15, 25, 30]
})

# 基本統計量を計算して表示
print(data.describe())
```

今回も、かなり長い応答が返されました。「DataFrameの統計処理」だけだと、用意されている統計処理全般について答えるため、かなり長くわかりにくいものになります。とりあえず、基本統計量の計算の説明だけ見てみましょう。

Chapter 8

基本統計量の計算をしよう

統計関係の機能で最も基本となるのが、この「基本統計量の計算」です。これは、平均、標準偏差、四分位（データを順に並べて4等分したもの）の値、最大値、最小値といったもので、これらをまとめて計算し表示するメソッドが「describe」です。

これはDataFrameのメソッドで、指定したデータについてこれらの計算を行います。ですから、例えば特定の列だけを指定して呼び出せば、その列の結果だけを計算できます。

例えば、以下のようなコードを実行してみましょう。

リスト8-5-2

```
01  df[['数学', '英語', '科学']].describe()
```

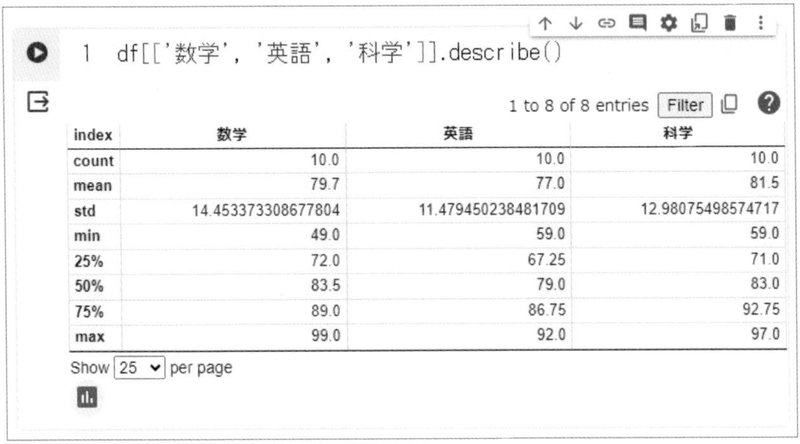

図8-5-1　数学、英語、科学の基本統計量を表示する

ここでは、df[['数学', '英語', '科学']]というように指定をして3教科の点数の列だけを取り出しています。これでdescribeを呼び出すことで、3教科の列の計算だけが行われるようになります。それ以外の名前やID、学生IDなどのデータは基本統計量を計算する必要も意味もありませんから（そもそも名前などは計算すらできません）、こうした不要なものを除外し、本当に必要なものだけを計算させるようにしましょう。

特定の統計量を計算しよう

では、特定の列や行のデータについて統計量を計算するにはどうすればいいので

しょうか。これは、DataFrameにある各統計量の計算メソッドを使います。先ほどAIに質問したとき、応答には以下のような説明が続いていました。

 ChatGPT（続き）

2. 特定の統計量の計算

特定の統計量を計算するには、各列に対して適切なメソッドを使用します。例えば、平均値、中央値、最小値、最大値などを計算できます。

```
# 平均値の計算
mean_value = data['列1'].mean()
print(f'列1の平均値: {mean_value}')

# 中央値の計算
median_value = data['列2'].median()
print(f'列2の中央値: {median_value}')
```

　ここでは平均と中央値のサンプルコードが掲載されていますが、それ以外の統計量の計算メソッドも用意されています。主なメソッドの使い方を簡単に整理しましょう。

計算するもの	メソッド
平均値	《DataFrame》.mean()
合計	《DataFrame》.sum()
中央値	《DataFrame》.median()
標準偏差	《DataFrame》.std()
分散	《DataFrame》.var()
最大値	《DataFrame》.max()
最小値	《DataFrame》.min()
指定割合の境界値（四分位）	《DataFrame》.quantile(割合)

　ちょっと説明が必要なのは「quantile」でしょう。これは、引数に指定した割合の位置にある値を得るものです。例えば、「0.25」とすれば、小さい値から並べて下から25%のところにある値を取り出します。これで0.25や0.75を調べることで四分位の値が得られます。

　また、これらのメソッドには「axis」というオプションが用意されています。これは、計算をする軸を示すもので、次のいずれかを指定します。

オプション	計算方法
axis=0	列方向に計算する
axis=1	行方向に計算する

通常、DataFrameでは列ごとにデータを用意していきますから、「axis=0」がデフォルトになっています。しかし、列数が増えてくると、行ごとに統計量を計算したい、ということもあるでしょう。このような場合には、引数に「axis=1」を指定することで、行単位で計算するようにできます。

では、これらのメソッドの利用例を挙げておきましょう。例として数学・英語・科学の3教科について平均・標準偏差・中央値・25%値・75%値を計算し、その結果をまとめて表示します。

リスト8-5-3

```
01  df2 = pd.DataFrame()
02  df2['平均点'] = df[['数学', '英語', '科学']].mean(axis=0)
03  df2['標準偏差'] = df[['数学', '英語', '科学']].std(axis=0)
04  df2['中央値'] = df[['数学', '英語', '科学']].median(axis=0)
05  df2['25%値'] = df[['数学', '英語', '科学']].quantile(0.25, axis=0)
06  df2['75%値'] = df[['数学', '英語', '科学']].quantile(0.75, axis=0)
07  df2
```

index	平均点	標準偏差	中央値	25%値	75%値
数学	79.7	14.453373308677804	83.5	72.0	89.0
英語	77.0	11.479450238481709	79.0	67.25	86.75
科学	81.5	12.98075498574717	83.0	71.0	92.75

1 to 3 of 3 entries　Filter

Show 25 per page

図 8-5-2　数学、英語、科学の個別の統計量を計算して表示する

ここでは df[['数学', '英語', '科学']] から統計量の計算メソッドを呼び出し、それをdf2にまとめています。メソッドの呼び出し方はだいたいどれも同じですから、何度か使ってみれば、計算メソッドは一通り使えるようになるでしょう。

結果をまとめたdf2では、各統計量のデータの列に3教科が行データとして追加されているのがわかります。各メソッドの計算結果は、基本的に列データとして得られているのですね。

06 plotでグラフを描こう

DataFrameには、データを視覚化する機能、わかりやすくいえば「グラフ作成機能」が用意されています。これを利用することで、データを簡単にビジュアルな形で表せるようになります。

グラフ作成の基本は「plot」というメソッドです。このメソッドを呼び出すだけでグラフを作成することができます。では、試してみましょう。ここまで作成してきたdfをグラフにするには、普通に考えるとこうなります。

リスト8-6-1

```
01 df.plot()
```

しかし、これではちょっと問題があります。それは、「グラフ化する必要のないものまでグラフ化してしまう」という点です。例えば学生IDなどはグラフにする必要は全くありませんね。必要なのは各教科の点数だけです。この点を考慮し、以下のように実行するのがよいでしょう。

リスト8-6-2

```
01 df[['数学','英語','科学']].plot()
```

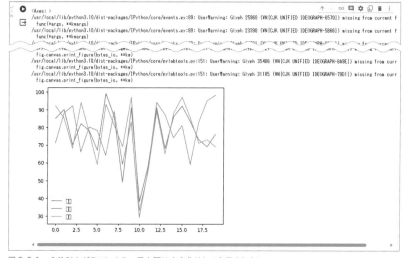

図8-6-1　3教科をグラフにする。日本語は文字化けして表示されない

これでグラフが作成されます。実に簡単ですね！

　ただし、実際に試してみると、グラフ描画の前にずらっと警告のようなメッセージが表示されるのがわかるでしょう。「UserWarning: Glyph 35486 (\N{CJK UNIFIED IDEOGRAPH-8A9E}) missing from current font.」といったメッセージがずらっと表示されているのです。

　これは何かというと、「その文字は今使ってるフォントにないよ」ということをいっているのですね。どういうことかというと、つまり「使える文字は英語の文字だけ」ということなのです。標準で用意されているフォントは英語圏のものであるため、日本語の文字が用意されていないのです。

💡 日本語を使えるようにしよう

　では、どうすればいいのか。実をいえば、プロットの表示を日本語化するためのライブラリもあるのです。これを利用することで日本語をきちんと表示できるようになります。

　これは、Colabにも標準では用意されていないため、インストールする必要があります。新しいセルを用意し、以下を記述して実行してください。

リスト8-6-3

```
01 !pip install japanize-matplotlib
```

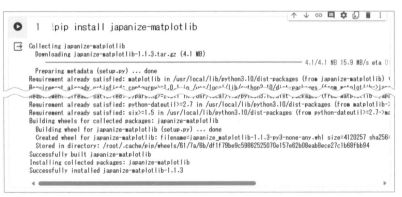

図8-6-2　japanize-matplotlib をインストールする

　ここでは「japanize-matplotlib」というライブラリをインストールしています。Colab以外の環境（ローカル環境でPythonを使っている場合など）では、冒頭の「!」をつけずにコマンドを実行してください。これでjapanize-matplotlibがインストールされます。

インストール作業が終わったら、さらに新しいセルを作成し、以下を書いて実行します。

リスト8-6-4

```
01  import japanize_matplotlib
02  japanize_matplotlib.japanize()
```

これでプロットの日本語化が設定されました。では、再度**リスト8-6-2**のセルを実行してグラフを描いてみましょう。今度は日本語も問題なく表示されるようになります。

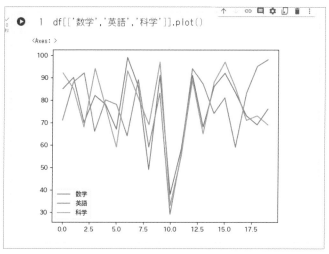

図8-6-3　実行すると3教科の点数がグラフ化される

 COLUMN　japanize_matplotlibはmatplotlib用ライブラリ

ここで使ったjapanize_matplotlibは、「matplotlib」というライブラリのグラフを日本語化するためのものです。では、なぜpandasのグラフも日本語にできたのでしょうか。
実をいえば、pandasのplotは、内部的にはmatplotlibのグラフ作成機能をそのまま使っているのです。見た目はpandasの機能ですが、実際にはmatplotlibライブラリが動いてグラフを作っているのですね。このため、japanize_matplotlibで日本語化できたのです。

 グラフ作成の基本を覚えよう

このplotでは、データは折れ線グラフとして描かれます。では、それ以外のグラフはどう描くのでしょうか。グラフ作成の基本についてAIに説明してもらいましょう。

リスト 8-6-5

あなた

DataFrameのグラフ作成について簡単に説明してください。

ChatGPT

PandasのDataFrameを使用してグラフを作成するには、MatplotlibやPandasの組み込みのプロット機能を利用することが一般的です。以下に、DataFrameからグラフを作成する基本的な手順を簡単に説明します。

1. ライブラリのインポート
まず、必要なライブラリをインポートします。

```
import pandas as pd
```

2. サンプルのDataFrameの作成
適当なサンプルのDataFrameを作成します。

```
data = pd.DataFrame({…略…})
```

3. 折れ線グラフの作成
plot()メソッドを使用して、折れ線グラフを描画します。

```
data.plot(x='日付', y='値', kind='line', marker='o')
```

4. 棒グラフの作成
plot()メソッドでkind='bar'を指定して、棒グラフを描画します。

```
data.plot(x='日付', y='値', kind='bar', color='skyblue')
```

5. 散布図の作成
2つの変数間の関係を見るために散布図を作成します。

```
scatter_data = pd.DataFrame({
    'X': [1, 2, 3, 4, 5],
    'Y': [10, 12, 8, 15, 11]
})

scatter_data.plot(x='X', y='Y', kind='scatter',
color='red')
```

これらは基本的な例ですが、実際のデータに合わせて適切なグラフを選択し、plot()メソッドの引数を調整してください。データの可視化には他にも様々なオプションがありますので、必要に応じてドキュメントなどを参照してください。

折れ線グラフ以外にも、棒グラフや散布図などの例を挙げてくれました。plot
メソッドを呼び出す際にさまざまな引数を用意しておくことで、いろいろなグラフ
を描けるようになっているようですね。

ただし、これらの引数についてきちんと整理されてないので今ひとつ使い方がわ
からないかもしれません。

plotメソッドの引数について

このようなときは、改めて引数について質問をしましょう。知りたいのは、plot
に用意されている主な引数の働きと使い方です。これをわかりやすく整理して教え
てもらいます。

リスト8-6-6

 あなた
pandas.DataFrameのplotメソッドに用意されている主な引数について働きと使い方
をわかりやすく整理して教えて。

 **ChatGPT**
pandas.DataFrameの`plot()`メソッドは、データの可視化のために様々な引数を提供
しています。以下に、主な引数とその働き、使い方を整理して説明します。

主な引数:

1. **x (横軸のデータ):**
   ・働き：プロットの横軸に使用するデータを指定します。
   ・使い方：df.plot(x='column_name')

2. **y (縦軸のデータ):**
   ・働き：プロットの縦軸に使用するデータを指定します。
   ・使い方：df.plot(y='column_name')

3. **kind (プロットの種類):**
   ・働き：描画するプロットの種類を指定します。例えば、'line'（折れ線グラフ）、
   'bar'（棒グラフ）、'scatter'（散布図）などがあります。
   ・使い方：df.plot(kind='line')

4. **title (グラフのタイトル):**
   ・働き：グラフのタイトルを指定します。
   ・使い方：df.plot(title='My Plot')

5. **xlabel (横軸のラベル):**
   ・働き：横軸のラベルを指定します。
   ・使い方：df.plot(xlabel='X-axis')

---

6. ylabel (縦軸のラベル)：
・働き：縦軸のラベルを指定します。
・使い方：df.plot(ylabel='Y-axis')

7. color (プロットの色)：
・働き：プロットの色を指定します。
・使い方：df.plot(color='red')

8. marker (データポイントのマーカー)：
・働き：プロットのデータポイントに使用されるマーカーを指定します。
・使い方：df.plot(marker='o')

9. legend (凡例の表示)：
・働き：凡例 (レジェンド) を表示するかどうかを指定します。
・使い方：df.plot(legend=True)

10. grid (グリッドの表示)：
・働き：グリッドを表示するかどうかを指定します。
・使い方：df.plot(grid=True)

これらの引数を適切に組み合わせて使用することで、DataFrameから簡単に様々な種類のグラフを作成できます。ドキュメントやオンラインの資料も参考にしながら、データに合わせて使いやすい形でグラフを作成しましょう。

たくさんの引数が出てきましたね。これらをすべて今すぐ覚える必要はありません。重要なものだけでもピックアップして覚えていきましょう。

 引数でグラフを整えよう

では、さまざまな引数を指定したplotの例を挙げておきます。新しいセルを用意し、以下を記述して実行してください。

リスト8-6-7

```
01 df.plot(
02    title="折れ線グラフ",
03    x='名前',
04    y=['数学','英語','科学'],
05    xticks=df.index,
06    rot=60,
07    xlabel="学生",
08    ylabel="点数",
09    color=['red','green','blue'],
10    marker='o',
```

```
11    legend=True,
12    grid=True
13 )
```

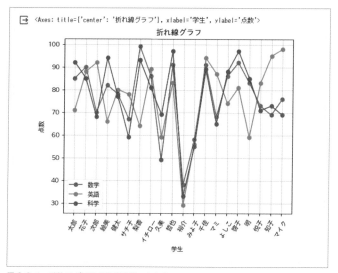

図8-6-4　引数でグラフの設定を行ったもの

　これを実行すると、先ほどと同じような折れ線グラフが描かれますが、細かな点で違っているのがわかるでしょう。今回はたくさんの引数を用意しました。それぞれ順に説明をしていきましょう。

```
title="折れ線グラフ",
```

　これは、グラフのタイトルを設定するものです。グラフの上部中央に「折れ線グラフ」と表示されているのがわかるでしょう。

```
x='名前',
y=['数学','英語','科学'],
```

　X軸とY軸に設定する列です。これらはそれぞれ列名を文字列で指定します。xには「名前」列を指定しておきます。そしてyには3教科の列名をリストにして用意しています。こうすることで、同時に3教科を3本の線でグラフに表せます。

```
xticks=df.index,
rot=60,
```

　これはAIの説明にはありませんでしたね。xticksは、X軸の細かな目盛りを表します。同様のものに、Y軸の細かい目盛りを表すyticksもあります。

　折れ線グラフでは、X軸とY軸の目盛りには大体の目安になる値だけラベルが表示され、それ以外は省略されます。xticksは、細かな目盛りに表示する値をリストにまとめて設定します。ここでは、df.indexという値を指定していますね。これはDataFrameのインデックスを示すものです。これにより、インデックスのすべての値がxticksとして表示されるようになり、それぞれにxで設定した「名前」列の値が表示されるようになります。「xに設定した列の値すべてをX軸に表示したい場合は、xticks=df.indexを指定する」と覚えておきましょう。

　その下のrotは、表示する値の回転角度を指定します。デフォルトでは水平に表示されるので、名前が重なってしまい読みにくくなります。ここでは60度回転して名前が読めるようにしてあります。

```
xlabel="学生",
ylabel="点数",
```

　X軸とY軸のラベルです。それぞれグラフの下部と左側に表示されているのがわかるでしょう。

```
color=['red','green','blue'],
```

　表示するグラフの色を指定するものです。ここでは3教科の点数を3つの折れ線で表示していますので、3つの色名をリストにして設定してあります。使用可能な色は、メジャーな色であればこのように名前だけで指定することができます。また、"#ff0000"というように6桁の16進数("#ff0000"はR=ff，G=00，B=00で赤の値)で指定することもできます。

```
marker='o',
```

　これは折れ線グラフの各値の部分に表示されるマーカーを設定するものです。デフォルトでは何も設定されていないため、ただ線だけが表示されます。このmarkerを指定することで、●や▲などの記号を値のところに表示させることがで

きます。

```
legend=True,
```

これは凡例の表示です。Trueにすれば表示し、Falseならば非表示にします。ま
た"reverse"という文字列を指定すると、凡例の各項目の並び順を逆順にできます。

```
grid=True
```

グラフのグリッド表示をON/OFFするものです。デフォルトはFalseで、真っ白
いグラフが表示されます。Trueにすると縦横に点線でグリッドが表示されます。

 描けるグラフの種類

plotでは折れ線グラフが描かれましたが、もちろんそれ以外のグラフも描くこ
とができます。では、どんなグラフが描けるのでしょうか。AIに尋ねてみましょう。

リスト8-6-8

 あなた
pandas.DataFrameのplotメソッドで描けるグラフの種類についてわかりやすく教えて。

 ChatGPT
pandas.DataFrameの**plot()**メソッドでは、さまざまなグラフの種類を描画できます。
以下に、主なグラフの種類とその説明を簡単に説明します。

1. 折れ線グラフ (kind='line'):
- ・説明: データポイントを直線で結んで連続的な変化を表示します。
- ・使い方: df.plot(kind='line')

2. 棒グラフ (kind='bar'):
- ・説明: カテゴリ別のデータを棒で表示します。複数のカテゴリがある場合は横に積
  み上げることもできます。
- ・使い方: df.plot(kind='bar')

3. 積み上げ棒グラフ (kind='barh'):
- ・説明: カテゴリ別のデータを横向きに積み上げて表示します。
- ・使い方: df.plot(kind='barh')

4. ヒストグラム (kind='hist'):
- ・説明: データの分布を表現するために使用されます。値の範囲をバケットに分けて
  表示します。

```
・使い方:df.plot(kind='hist')
```

5. 散布図 (kind='scatter'):
  ・説明:2つの変数間の関係を視覚的に表示します。各データポイントは散らばって表示されます。
  ・使い方:`df.plot(kind='scatter', x='column1', y='column2')`

6. 円グラフ (kind='pie'):
  ・説明:カテゴリごとの割合を円形で表示します。y引数に指定した列の値が使用されます。
  ・使い方:`df.plot(kind='pie', y='column_name')`

7. 面グラフ (kind='area'):
  ・説明:折れ線グラフの下部を塗りつぶして面積を強調表示します。
  ・使い方:`df.plot(kind='area')`

これらは kind 引数に指定することで簡単に描画できるグラフの一部です。適切なグラフはデータの性質によって異なるため、目的やデータの特徴に合わせて選択してください。

応答では多数のグラフの説明が表示されました。いずれも「kind」という引数を使って設定することがわかります。kindでグラフの種類を指定するだけで、折れ線グラフ以外のグラフを描けるのですね。

ただし、応答の内容を細かくチェックしたところ、「3. 積み上げ棒グラフ」が間違っていることに気がつきました。ここでは「kind='barh'」と引数を指定することで積み上げ棒グラフが描けると説明していますが、実際に試すとこれでは描けません（この後で説明します）。

このように、AIの応答は必ずしも正しいものとは限りません。大体において正しい答えが返ってきますが、間違っていることを平然と答えることだってあるのです。得られた応答の内容は、サンプルコードなどを使って確認するのを忘れないようにしましょう。

積み上げ棒グラフを描こう

では、実際にkindを使っていくつかのグラフを描いてみましょう。まずは、先ほど触れた「積み上げ棒グラフ」です。以下にサンプルコードを挙げておきましょう。

リスト8-6-9

```
01 df.plot(
02   kind='bar',
03   stacked=True,
```

```
04    title="棒グラフ",
05    x='名前',
06    y=['数学', '英語', '科学'],
07    xlabel="学生",
08    ylabel="点数",
09  )
```

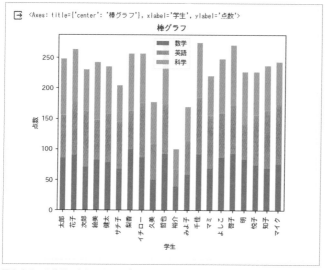

図8-6-5 3教科の点数を積み上げた棒グラフが描かれる

　ここでは3教科の点数を学生ごとに積み上げた棒グラフを描きます。ここでは以下のようにして棒グラフの設定を行っています。

```
kind='bar',
stacked=True,
```

　kindは普通の棒グラフを示す「bar」にします。これだけなら、それぞれの列を別々の棒にしたグラフになります。これにstacked=Trueを追加することで、すべての列の値を1つに積み上げた棒グラフになります。
　また、棒グラフのX軸とY軸の設定も注目してください。

```
x='名前',
y=['数学', '英語', '科学'],
```

設定しているのは、これだけです。先に折れ線グラフのときに使ったxticksなどは用意されていません。その必要がないのです。

折れ線グラフなどのように数値の推移を表すためのものは、X軸の目盛りには大体の目安となる値が表示されていれば十分なため、全ての値は表示されないのが基本です。しかし棒グラフは値ごとに棒が描かれますから、すべての値が表示されるのが基本なのです。従って、xに列を指定するだけですべての値が表示されます。

3教科の点数をまとめてヒストグラムを作ろう

棒グラフと似たような表示のグラフに「ヒストグラム」があります。これは、表示は棒が並んだような形で似ていますが、働きは全く違います。ヒストグラムは、データを一定幅で分け、それぞれの範囲にいくつのデータがあるかをグラフ化するものです。要するに「データの個数」をグラフ化するものです。

では、サンプルコードを挙げておきましょう。3教科を別々にヒストグラム化すると個数の差がわかりにくいので、全点数をひとまとめにしてグラフ化してみます。

リスト8-6-10

```
01  df2 = pd.concat([df['数学'],df['英語'],df['科学']])
02
03  df2.plot(
04    kind='hist',
05    bins=20,
06    title="3教科のヒストグラム",
07    xlabel="点数",
08    ylabel="個数",
09  )
```

実行すると、点数の範囲を20分割したヒストグラムが表示されます（**図8-6-6**）。

ここでは以下のようにしてヒストグラムの設定を行っています。

```
  kind='hist',
  bins=20,
```

ヒストグラムは、kind='hist'で描くことができます。また「bins」は、範囲の分割数を指定します。binsの値を増減させることでグラフの感じは変わってきます。いろいろと値を試してみると面白いでしょう。

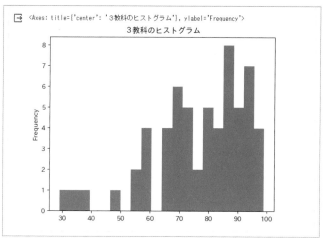

```
<Axes: title={'center': '3教科のヒストグラム'}, ylabel='Frequency'>
```

図 8-6-6　3教科の点数をひとまとめにしてヒストグラムにする

💡 散布図で教科ごとの傾向を調べよう

　もう1つ、散布図も描いてみましょう。散布図は、X軸とY軸にそれぞれ指定された数値データを点として描いていくグラフです。例えば「数学」と「英語」の散布図を描くと、各学生の取った点数がグラフ内に点として描かれます。多数のデータを点で表すことで、全体の傾向がわかるようになります。

　では、これも簡単なサンプルコードを挙げておきましょう。

リスト 8-6-11

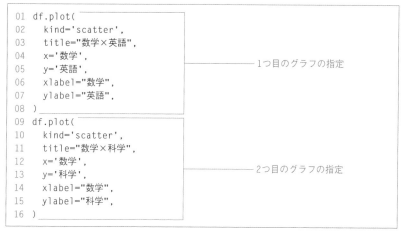

```
01  df.plot(
02    kind='scatter',
03    title="数学×英語",
04    x='数学',
05    y='英語',
06    xlabel="数学",
07    ylabel="英語",
08  )
09  df.plot(
10    kind='scatter',
11    title="数学×科学",
12    x='数学',
13    y='科学',
14    xlabel="数学",
15    ylabel="科学",
16  )
```

1つ目のグラフの指定

2つ目のグラフの指定

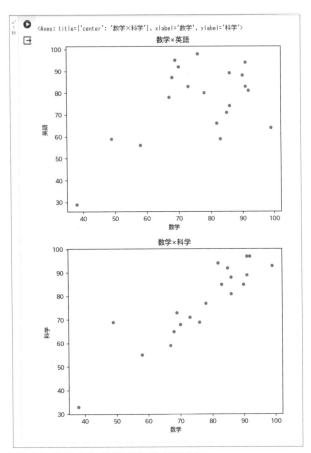

```
<Axes: title=['center': '数学×科学'], xlabel='数学', ylabel='科学'>
```

図 8-6-7　数学と英語、数学と科学の散布図を作る

　ここでは2つの散布図を表示しています。1つ目が数学と英語、2つ目が数学と科学です。X軸のデータが大きくなるほど、Y軸のデータも大きくなる場合、「XとYには相関関係がある」と見ることができます。サンプルで用意したデータにもよりますが、例えば「数学と英語の点数には特に相関関係は見られないが、数学と科学の間では相関関係が見られる」というようなことがわかるでしょう。2つの列の値をグラフ化することで、両者の相関関係が視覚的にわかるようになります。

　これで主なグラフの作成ができるようになりました。ここではサンプルとして3教科の点数をグラフにしましたが、データが変わればグラフの使い方も変わってきます。さまざまなデータを用意し、統計計算やグラフ表示を行ってみましょう。多くのデータを扱うことで、これらの機能の理解がより深まっていくでしょう。

Chapter **9**

Webのデータを活用しよう

この章のポイント
- requestsを使ってWebにアクセスする方法をマスターしましょう。
- JSONデータをPythonオブジェクトに変換して利用する方法を覚えましょう。
- Beautiful Soupで、XMLやHTMLから特定の要素を取り出せるようになりましょう。

01 Webページにアクセスしよう
02 JSONデータを利用しよう
03 郵便番号から住所を検索しよう
04 天気予報を調べよう
05 Beautiful Soupを使おう

01 Webページにアクセスしよう

Pythonでは、さまざまなデータの処理を行うことが多いのですが、こうしたデータの取得にはさまざまなやり方があります。もっとも多いのはファイルとしてデータを用意し、それを読み込むというやり方で、これは前章のDataFarmeの説明で、CSVやJSONファイルを読み込む方法を紹介しましたね。

この他のデータの取得法として広く利用されるようになっているのが「ネットワーク経由でデータを取得する」というものです。現在、多くの情報がWebベースで公開されるようになっています。「Webサイトにアクセスして必要な情報を取得する」というのは、今やファイル利用以上に重要かもしれません。

requestとrequests

Webサイトへのアクセスには、Pythonに用意されているライブラリを使います。もっとも基本的なライブラリは、Pythonの標準ライブラリに用意されている「request」というものになります。これを利用すれば、Webサイトにアクセスしコンテンツを取得することができます。

ただ、このrequestはあまり高機能ではなく、現在ではほとんど使われていません。その代わりに利用されているのが「requests」（最後にsがついてます）というライブラリです。これは、Pythonの本家サイトのドキュメントでも「requestsを推奨します」といっているぐらいで、今やPythonのWebアクセスの標準ライブラリといっていいでしょう。

このrequestsライブラリも、Colabにはもちろん標準で組み込まれているためインストール作業は必要ありません。ローカル環境にインストールしたPythonを利用している場合はターミナルなどのコマンド実行ツールを開いて以下のコマンドを実行してください。

リスト9-1-1
```
01  pip install requests
```

requestsの使い方を覚えよう

では、このrequestsはどのように利用すればいいのでしょうか。基本的な使い方をAIに聞いてみましょう。

リスト9-1-2

 あなた
普通のWebサイトにアクセスしてコンテンツを取得する方法をわかりやすく説明して。

 ChatGPT
Webサイトからコンテンツを取得する方法として、PythonのRequestsライブラリを
使う方法を説明します。以下は、簡単な例として、あるWebサイトからHTMLコンテ
ンツを取得する方法です。

以下はPythonでの基本的なWebサイトへのアクセスとコンテンツ取得の例です。

```python
import requests

# アクセスするWebサイトのURL
url = 'https://example.com'

# GETリクエストを送信してコンテンツを取得
response = requests.get(url)

# ステータスコードが200（成功）であるか確認
if response.status_code == 200:
    # 取得したHTMLコンテンツを表示
    print(response.text)
else:
     print(f"ページの取得に失敗しました。: {response.status_
code}")
```

この例では、**requests.get(url)**を使用して指定したURLからGETリクエストを送
信し、サーバーからの応答を**response**変数に格納しています。**response.status_
code**でステータスコードが確認できます。ステータスコード200は成功を示します。

取得したHTMLコンテンツは**response.text**で取得できます。このデータを解析した
り、必要な情報を取り出したりするためには、通常はBeautiful Soupや他のHTML解
析ライブラリを使用します。

ただし、ウェブサイトの利用規約に違反することなく、またスクレイピングを行う際は
連続的なリクエストの間に適切な遅延を設けるなどの注意が必要です。

　見たところ、使い方は割と簡単なようですね。アクセスしてコンテンツを得る手
順を整理しましょう。

● 指定URLにアクセスする

```
変数 = requests.get( アクセス先 )
```

指定したURLにアクセスするには、requestsの「get」メソッドを使います。これは、HTTPの「GET」というメソッドを使って指定URLにアクセスするものです。GETメソッドというのは、普通にWebサイトにブラウザからアクセスするのと同じやり方と考えてください。

このgetで得られるのは、Responseというクラスのインスタンスです。これはサーバーからの応答を管理するためのものです。

● **ステータスコードの確認**

```
if 《Response》.status_code == 200:
    正常アクセス時の処理
```

getで戻り値が得られたら、まずResponseの「status_code」という値をチェックします。これは「ステータスコード」と呼ばれる値が保管されているところです。ステータスコードは、サーバーにアクセスしたときの状況を表す番号で、この値が200なら正常にアクセスできたことを示します。何らかの問題が発生した場合は、その問題の内容を示す番号が返されます。従って、ifを使って status_code == 200ならば取得したデータの処理を行うようにしておきます。

● **コンテンツの取得**

```
《Response》.text
```

正常にアクセスできたときは、取得したコンテンツがResponseの「text」に保管されます。この値を取り出して処理すればいいのですね。Webのページは基本的にHTMLなどのテキストデータとして用意されていますから、これでそのコンテンツを取り出すことができます。

 Webのコンテンツを表示しよう

では、実際にrequestsを使ってWebからコンテンツを取得してみましょう。AIが作成したサンプルコードを少し修正して、フィールドから入力したURLにアクセスするようにしてみます。新しいセルに以下を記述してください。

リスト9-1-3

```
01 import requests
```

```
02
03 url = 'https://' # @param {type:"string"}
04
05 response = requests.get(url) ─────────────────────────────── ①
06
07 if response.status_code == 200:
08     print(response.text[0:1000]) ──────────────────────────── ②
09 else:
10     print(f"ページの取得に失敗しました。(code:{response.status_code})")
```

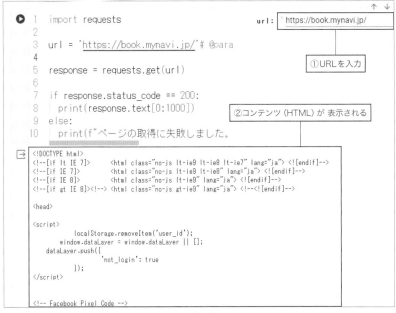

図 9-1-1　入力した URL にアクセスしコンテンツを表示する

　セルに「url」という入力フィールドが追加されるので、ここにアクセスする
URLを記述してください。そしてセルを実行すると、そのURLにアクセスし、コン
テンツを取得して表示します。Webページのコードはかなり長いことが多いので、
ここでは最初の1000文字だけ表示させています。

　やっていることは、既に説明した通りですね。requests.get(url)で指定した
URLにアクセスし、Responseを受け取ります（①）。そしてresponse.status_
code == 200で正常にアクセスできたかチェックし、response.text[0:1000]
で取得したテキストの1000文字分を取り出して表示しています（②）。すべてのコ
ンテンツを利用するなら、[0:1000]をつけずにtextの値をそのまま取り出して利
用すればいいでしょう。

02 JSONデータを利用しよう

Webページのコンテンツをそのまま取り出すならこれで十分ですが、Webで公開されているさまざまなデータを取得し利用する場合は、公開されているデータのフォーマットに応じた処理の仕方を理解しておく必要があります。

まずは、「JSON」フォーマットのデータの利用について考えてみましょう。JSONは、構造的なデータを表すのによく用いられます。Webの世界でも、さまざまなデータをJSONフォーマットで配布しているところはたくさんあるのです。

では、JSONフォーマットのデータはどのように利用すればいいのでしょうか。requestsでアクセスしてデータを取得する点は同じですが、受けとったデータをどうやって処理するのでしょう。このあたりのことをAIに聞いてみます。

リスト9-2-1

 あなた
requestsでJSONを読み込むには？

 ChatGPT
requestsを使用してJSONデータを取得する方法は非常にシンプルです。JSONデータを読み込むには、Pythonの組み込みモジュールであるjsonモジュールを使用します。以下に基本的な例を示します。

```python
import requests

# JSONデータを取得したいURL
json_url = 'https://example.com/api/data'

# GETリクエストを送信してJSONデータを取得
response = requests.get(json_url)

# ステータスコードが200（成功）であるか確認
if response.status_code == 200:
    # JSONデータを取得
    json_data = response.json()

    # JSONデータの中身を表示
    print(json_data)
else:
    print(f"JSONデータの取得に失敗しました。: {response.status_code}")
```

> この例では、`requests.get()`を使用して指定したURLからGETリクエストを送信し、`response.json()`を使ってJSONデータをPythonの辞書型に変換しています。`response.status_code`でステータスコードを確認し、ステータスコードが200の場合は成功としています。

　やっていることは、Webページへのアクセスとほぼ同じですね。違いは、Responseからコンテンツを取得するのに、textではなく「json」というメソッドを使っていることです。

　このメソッドは、取得したコンテンツをJSONフォーマットとして解析し、Pythonの辞書（p.141参照）オブジェクトに変換して返します。これでコンテンツを受けとったら、後はその中から必要に応じて値を取り出せばいいのですね！

JSONPlaceholderを利用しよう

　では、JSONデータの利用の基本を、実際にJSONデータを使って確かめることにしましょう。ここでは「JSONPlaceholder」というWebサイトを利用してみます。このサイトは、JSONのダミーデータを配布するところで、アクセスしてさまざまなダミーデータをJSONフォーマットで受け取ることができます。

- https://jsonplaceholder.typicode.com/

| JSONPlaceholder | Guide　Sponsor this project　Blog　My JSON Server |

{JSON} Placeholder

Free fake API for testing and prototyping.

Powered by JSON Server + LowDB. Tested with XV.

Serving ~2 billion requests each month.

図 9-2-1　JSONPlaceholder のサイト。JSON のダミーデータを公開している

　このサイトではいくつかのダミーデータを配布しています。ここでは「Posts」というダミーデータを使ってみましょう。これは以下のURLで取得できます。

● https://jsonplaceholder.typicode.com/posts

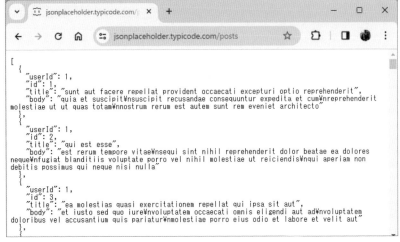

図 9-2-2　投稿のダミーデータを公開している

　このPostsは、100個の投稿データを公開します。各投稿データはこのような形をしています。

```
{
  "userId": 番号,
  "id": 番号,
  "title": "……タイトル……",
  "body": "……ボディコンテンツ……"
}
```

　このようなデータが100個、リストにまとめられて送信されているのです。データの構造がわかれば、送られてきたコンテンツを利用するのも簡単です。

Postsデータを表示する

　では、このようなJSONデータを受けとって利用するサンプルコードを作成してみましょう。JSONデータ利用の基本は既にわかっています。問題は、JSONデータを辞書として受けとった後、そこからどうやって情報を取り出して処理するか、だけです。
　では、新しいセルを用意して、以下を記述し実行しましょう。

リスト9-2-2

```
01 import requests
02 import json
03
04 json_url = 'https://jsonplaceholder.typicode.com/posts'
05
06 response = requests.get(json_url) ─────────────────────1
07
08 if response.status_code == 200:
09     json_data = response.json() ───────────────────────2
10
11     for item in json_data[0:5]: ───────────────────────3
12         id = item.get('id')
13         title = item.get('title')
14         body = item.get('body')                          4
15         print(f'ID={id}:"{title}"')
16         print(body)                                       5
17         print()
18 else:
19     print(f"JSONデータの取得に失敗しました。")
```

ID=1:"sunt aut facere repellat provident occaecati excepturi optio reprehenderit"
quia et suscipit
suscipit recusandae consequuntur expedita et cum
reprehenderit molestiae ut ut quas totam
nostrum rerum est autem sunt rem eveniet architecto

ID=2:"qui est esse"
est rerum tempore vitae
sequi sint nihil reprehenderit dolor beatae ea dolores neque
fugiat blanditiis voluptate porro vel nihil molestiae ut reiciendis
qui aperiam non debitis possimus qui neque nisi nulla

ID=3:"ea molestias quasi exercitationem repellat qui ipsa sit aut"
et iusto sed quo iure
voluptatem occaecati omnis eligendi aut ad
voluptatem doloribus vel accusantium quis pariatur
molestiae porro eius odio et labore et velit aut

ID=4:"eum et est occaecati"
ullam et saepe reiciendis voluptatem adipisci
sit amet autem assumenda provident rerum culpa
quis hic commodi nesciunt rem tenetur doloremque ipsam iure
quis sunt voluptatem rerum illo velit

ID=5:"nesciunt quas odio"
repudiandae veniam quaerat sunt sed
alias aut fugiat sit autem sed est
voluptatem omnis possimus esse voluptatibus quis
est aut tenetur dolor neque

図 9-2-3　取得した Posts データから5つを表示する

セルを実行すると、JSONPlaceholderにアクセスし、Postsデータを取得して最初の5つの内容を以下のような形で出力します。

```
ID=番号: "……タイトル……"
……ボディコンテンツ……
```

ここでは、requests.getでURLにアクセスしてResponseを取得し（**1**）、jsonメソッドでJSONデータを辞書として取り出した後（**2**）、以下のような形で個々のPostsデータの内容を取得し利用しています。

```
for item in json_data[0:5]: ──────────────────────────────3
    id = item.get('id')
    title = item.get('title') ────────────────────────────4
    body = item.get('body')
    ……略……
```

今回取得したJSONデータは、Postsデータを100個リストにまとめた形をしています。個々のデータを利用するには、for（p.118参照）で繰り返し処理を行う必要があります。100個全部処理すると出力される量も多くなるので、ここではfor item in json_data[0:5]:というようにして最初の5つだけ繰り返し処理しています（**3**）。

リストから取り出されたPostsデータは、それぞれ辞書の値になっています。ここからid,title,bodyといった値を取り出し（**4**）、それらをprintで出力しています（**5**）。

JSONデータは、リストや辞書の形でまとめられていますので、利用そのものは難しくはありません。重要なのは、「送られてくるデータがどのような構造になっているか」でしょう。JSONPlaceholderのデータは、各データを辞書にしたものが配列にまとめられて渡されます。このため、まずリストから辞書データを取り出し、そこから更にそれぞれの値を取り出す、というやり方をしています。

ただし、これはあくまで「JSONPlaceholderのJSONデータはどうなっている」ということであり、どのような構造になっているかはJSONデータを配布するサイトによって違います。JSONデータ利用のポイントは「データの構造」を正しく理解することなのです。

郵便番号から
住所を検索しよう

　では、実用的な例として、郵便番号から住所を検索するプログラムを作ってみましょう。これは、郵便番号データ配信サービス「zip cloud」というWebサイトを利用します。

- https://zipcloud.ibsnet.co.jp/

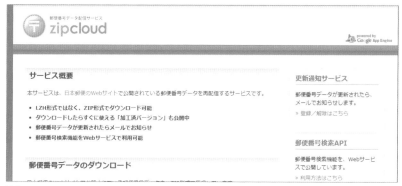

図 9-3-1　zip cloud の Web サイト

　このzip cloudでは、郵便番号から住所を検索するAPIを公開しています。これは非常にシンプルなもので、以下のようにURLを指定してアクセスすれば住所の情報を得ることができます。

```
https://zipcloud.ibsnet.co.jp/api/search?zipcode=郵便番号
```

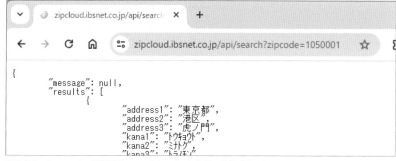

図 9-3-2　「zipcode＝郵便番号」でアクセスすると住所の情報が得られる

実際に、最後のzipcode=のところに7桁の郵便番号の数字を指定してアクセスしてみると、その郵便番号の住所の情報が得られます。得られるデータは、だいたい以下のようになっています。

```
{
  "message": エラーメッセージ,
  "results": [
    {
      "address1": "都道府県",
      "address2": "市町村",
      "address3": "それ以降の住所",
      "kana1": "カナ1",
      "kana2": "カナ2",
      "kana3": "カナ3",
      "prefcode": "都道府県コード番号",
      "zipcode": "郵便番号"
    }
  ],
  "status": ステータスコード
}
```

　address1,address2,address3の値を取り出してつなげれば、郵便番号の住所が得られるというわけです。番号の住所が見つからない場合は値は空になります。また郵便番号の値が間違った形式になっていたりするとmessageにエラーメッセージが渡されます。

🔅 郵便番号検索のコードを作ろう

　では、郵便番号から住所を検索するプログラムを作りましょう。新しいセルに以下のコードを記述してください。

リスト9-3-1

```
01 zip_code = "" # @param {type:"string"}
02 json_url = f"https://zipcloud.ibsnet.co.jp/api/
03 search?zipcode={zip_code}"
04
05 response = requests.get(json_url)
06
07 if response.status_code == 200: ─────────────────1
08   print(f"郵便番号:{zip_code}")
09   json_data = response.json()
10
11   # エラーメッセージをチェック
12   if json_data.get("message"): ──────────────────2
13     print(json_data.get("message"))
```

```
14    else:
15      result = json_data.get('results')
16      # 結果が得られた場合の処理                                    3
17      if result:
18        item = result[0]
19        address = item['address1'] + item['address2'] + ➡
   item['address3']
20        print(address)
21      else:
22        print("住所が見つかりません。")
23  else:
24    print(f"※データの取得に失敗しました。({response.status_code})")
```

zip_code: 1050001 ▶ 郵便番号：1050001
東京都港区虎ノ門

図 9-3-3　郵便番号を記入し実行すると住所が表示される

　セルには郵便番号を入力するフィールドが用意されます。ここに郵便番号の数字
を記入し、セルを実行すると、その番号の住所を検索して表示します。郵便番号は、
7桁の数字だけでも、また間に半角のハイフンを入れても検索できます。
　先にJSONPlaceholderを利用したときよりコードが複雑に見えますが、これは
エラー処理の記述が増えたためです。ここでは、住所を取り出すまでに以下の3つ
のエラーチェックを行っています。

1. response.status_codeでステータスコードをチェックします。200以外はア
   クセスに失敗しています（**1**）。
2. json_data.get("message")でエラーメッセージがあるかチェックします。
   メッセージがあれば、API利用時にエラーが起きています（**2**）。
3. result = json_data.get('results')でresultsの値が得られたか
   チェックします。値が得られなければ、住所の取得ができていません（**3**）。

　こうしたWebのAPIでは、エラーが発生したときの対応をいろいろと行っていま
す。zip cloudでは、messageという値で発生したエラーメッセージを伝えるよう
にしています。また住所が見つからない場合はエラーは発生しませんが、results
で得られる値が空になります。
　こうしたAPIの特性を把握して、それに応じてエラー時の処理を行いながら必要
なデータを取得するようにしないといけません。外部のWeb APIを使うときは、「う
まくデータを取得できないときはどうなるか」をよく考え、それに対応した処理を
行えるようにコードを作成しないといけないのですね。

Chapter 9

04 天気予報を調べよう

では、もう1つ、役に立ちそうなプログラムを作ってみましょう。それは、天気予報を調べるプログラムです。

気象庁のWebサイト（https://www.jma.go.jp/）では、全国の天気予報データを取得するAPIを公開しています。これを利用することで、天気予報のコンテンツを取得することができます。このAPIを利用すれば、簡単に自分が住む都道府県の天気予報を調べることができます。

図 9-4-1　気象庁の Web サイト

💡 都道府県データの用意

各地の天気予報は、地域ごとに割り振られているコード番号で管理されています。まずは、都道府県名と地域コードの情報を取得しておきましょう。新しいセルに以下を記述し、実行してください。

リスト 9-4-1

```
01 wether_offices = []
02 wether_office_url = "https://www.jma.go.jp/bosai/common/const/➡
   area.json"
03
04 response = requests.get(wether_office_url)
05 json_data = response.json()
06 for n in json_data['offices']:─────────────────────────────────①
07   item = json_data['offices'][n]
```

```
08    wether_offices.append([n,item['name']]) ─────────────── ②
09  print('wether_officesデータができました。')
```

　これを実行すると、wether_officesという変数に地域コードと都道府県のリストがまとめられます。

　地域コードの情報は、変数wether_office_urlに用意したURLで公開されています。ここにアクセスし、JSONデータをオブジェクトとして取り出せば、その情報が利用できます。このJSONデータには「offices」という値があり、そこに地域コードをキーにして地域名などの情報が保管されています。ここでは、for n in json_data['offices']:で順にデータを取り出していき（①）、そこからキーの地域コードと地域名（nameという値）をリストにまとめてwether_office_urlに追加しています。

　取得したデータの構造がわからないとイメージしにくいかもしれませんが、ここは天気予報の取得とは直接関係のない部分なので、コードの内容まで理解する必要はありません。「この通りに実行すればデータが準備できる」ということだけ理解しておけばいいでしょう。

💡 都道府県の設定

　では、用意されたコード番号のデータを使い、自分が調べたい都道府県を設定するコードを作成しましょう。新しいセルに以下を記述してください。

リスト9-4-2
```
01  prefecture = "" # @param {type:"string"}
02
03  selected_prefecture = None
04  for item in wether_offices: ──────────────────────── ①
05    if prefecture in item[1]: ────────────────────── ②
06      selected_prefecture = item ─────────────────── ③
07      print(f"都道府県に「{item[1]}」を設定しました。")
08  if selected_prefecture == None:
09    print('都道府県が見つかりませんでした。')
```

図9-4-2　都道府県名を記入して実行すると、調べる地域に設定される

Chapter 9

このセルには都道府県を記入するフィールドが用意されます。ここに都道府県名を漢字で記入して実行すると、「都道府県に『〇〇』を設定しました」と表示されます。都道府県が設定できなかった場合は「都道府県が見つかりませんでした」と表示されます。なお都道府県名は、「千葉」でも「千葉県」でも認識されます。

ここでは、`for item in wether_offices:`（**1**）で保管されている地域データを順に取り出して処理をしています。`if prefecture in item[1]:`（**2**）で、入力した値（`prefecture`）が保管されている`item`の都道府県名に含まれているなら、`selected_prefecture`という変数にその要素を代入します（**3**）。実際のこの後の天気予報データの取得では、この変数`selected_prefecture`から地域コードを取り出してAPIにアクセスをします。

💡 天気予報を表示しよう

では、天気予報のデータの取得と表示を行いましょう。天気予報のデータは、以下のようなURLで公開されています。

```
https://www.jma.go.jp/bosai/forecast/data/overview_forecast/地域➡
コード.json
```

調べる地域のコードは既に`selected_prefecture`に保管されていますから、これを元に指定のURLにアクセスし、天気予報のデータを取り出せばいいのです。
このURLから取得される天気予報のデータは、以下のようになっています。

```
{
  "publishingOffice": "気象庁",
  "reportDatetime": "日時",
  "targetArea": "地域の名前",
  "headlineText": "ヘッドライン",
  "text": "天気概況のコンテンツ"
}
```

比較的シンプルですね。JSONデータとしてPythonのオブジェクトに変換し、`targetArea`や`text`の値を取り出して表示すれば、その地域の天気概況がわかります。非常にシンプルですね。

では、あたらしいセルを用意し、以下のようにコードを記述しましょう。

リスト9-4-3

```
01  wether_url = f"https://www.jma.go.jp/bosai/forecast/data/➡
    overview_forecast/{selected_prefecture[0]}.json"
02
03  response = requests.get(wether_url)
04
05  if response.status_code == 200:
06      json_data = response.json()
07      print(f'※{json_data["targetArea"]} の天気予報')──────────❶
08      print()
09      print(json_data["text"])──────────────────────────────❷
10  else:
11      print("エラーが発生しました。")
```

```
📄  ※千葉県 の天気予報
    本州付近は強い冬型の気圧配置となっています。
    千葉県は、晴れや曇りとなっています。
    24日は、強い冬型の気圧配置が続くため、晴れ時々曇りで、雷を伴って雪や雨の降る所があるでしょう。
    25日は、冬型の気圧配置が続くため、晴れる見込みです。
    千葉県の太平洋沿岸の海上では、24日から25日にかけて、うねりを伴い波が高いでしょう。船舶は高波に注意してください。
```

図9-4-3　実行すると、設定した地域の天気概況が表示される

　実行すると、設定した地域の天気概況が表示されます。既にJSONデータの利用手順はわかっていますから、コードを見ればだいたい理解できるでしょう。取得したJSONデータから json_data["targetArea"] で地域名を取り出し（❶）、json_data["text"] で天気概況のコンテンツを取り出しています（❷）。やり方さえわかれば、天気予報の利用はとても簡単ですね！

Chapter 9

04　天気予報を調べよう　　233

05 Beautiful Soupを使おう

JSONの場合、Pythonに標準で用意されているjsonライブラリを利用するだけですから、使い方さえわかれば扱いは簡単です。けれど、Webの世界では、JSON以外のデータも多数使われています。

中でもJSON以上に広く活用されているのが「XML」でしょう。XMLは、HTMLなどと同じように<○○>という形のタグを使ってデータを構造的に記述するものです。このXMLを利用してデータを配信するサイトは非常にたくさんあります。特に、Webサイトの更新情報などを通知するのに広く使われている「RSS」は、XMLベースのフォーマットの中でも特に重要でしょう。

こうしたXMLベースのコンテンツを扱うとき、もっともよく利用されるのが「Beautiful Soup」というライブラリです。

Beautiful Soup は、Web ページから情報を簡単に収集できるライブラリです。これも、Colabには標準でインストールされているため、別途インストールなどの作業は不要です。

それ以外のPython環境を使っている場合は、ターミナルなどのコマンド実行ツールから以下のようにコマンドを実行しておきましょう。

リスト9-5-1

```
01 pip install beautifulsoup4
```

Beautiful Soupってどういうもの？

では、このBeautiful Soupというライブラリはどういうものなのでしょうか。なるべくわかりやすくAIに説明してもらいましょう。

リスト9-5-2

 あなた
Beautiful Soupとはどういうもの？　小学生でもわかるように説明して。

 ChatGPT
Beautiful Soup（ビューティフルソープ）は、Pythonで使われるプログラミングライブラリの一つで、主にウェブスクレイピング（Webスクレイピング）と呼ばれる作業に使われます。小学生に説明するために、ウェブスクレイピングが何かという基本的な概

念から始めましょう。

ウェブスクレイピングは、ウェブページからデータを取得する作業です。例えば、特定
のウェブサイトから最新のニュースの見出しを抜き出すことや、お気に入りのサイトの
情報を取得することができます。

Beautiful Soupは、ウェブページのHTML（HyperText Markup Language）と呼ば
れるコードを解析して、それをプログラムで扱いやすい形に変換する手助けをしてくれ
るツールです。HTMLはウェブページの構造を表現するための言語で、Beautiful
Soupはその構造を理解しやすいように整理してくれるのです。

簡単に言うと、Beautiful SoupはウェブページのHTMLを取り込んで、それをプログ
ラムで使いやすい形に整理してくれるものです。これにより、プログラマーは簡単にウェ
ブページから必要な情報を取り出すことができるようになります。

例えば、Beautiful Soupを使って特定のウェブサイトからタイトルやリンクの情報を取
り出すことができます。「Beautiful Soupはウェブページの中からほしい情報を取って
きてくれる魔法のツール」と考えてもらえるといいでしょう。

　Beautiful Soupは、「Webスクレイピング」と呼ばれる作業に使われるものです。
Webからさまざまな情報を取り出し利用することをこう呼ぶのですね。
　コンテンツの取得はrequestsで行えますが、取り出したHTMLやXMLのデー
タを解析してPythonのオブジェクトとして取り出すのにBeautiful Soupは使われ
ます。

💡 RSSをBeautiful Soupで利用しよう

　XMLを使ったコンテンツ配信でもっとも広く使われているのは「RSS」です。多
くのWebサイトが、更新情報の配信などにRSSを利用しています。では、RSSの
データをBeautiful Soupで活用するにはどうすればいいのか、質問してみましょ
う。

リスト9-5-3

 あなた
BeautifulSoupでRSSを読み込むには？

 ChatGPT
Beautiful Soupを使用してRSSフィードを読み込むためには、まずはRequestsライ
ブラリを使用してRSSフィードのURLからデータを取得し、その後Beautiful Soupを
使って解析します。以下は、PythonでのRSSフィードの読み込み例です。

```
import requests
from bs4 import BeautifulSoup

# RSSフィードのURL
rss_url = 'https://example.com/rss-feed.xml'

# Requestsを使用してRSSフィードのデータを取得
response = requests.get(rss_url)

# ステータスコードが200（成功）であるか確認
if response.status_code == 200:
    # BeautifulSoupオブジェクトの生成
    soup = BeautifulSoup(response.text, 'xml')  # XMLパー
サーを指定

    # フィード内の各アイテム（記事）にアクセス
    items = soup.find_all('item')  # 'item'はRSSフィードの各
記事の要素

    for item in items:
        # 各記事のタイトルとリンクを取得して表示
        title = item.title.text
        link = item.link.text
        print(f"タイトル: {title}")
        print(f"リンク: {link}")
        print("------------------------")
else:
    print(f"RSSフィードの取得に失敗しました。: {response.
status_code}")
```

この例では、Requestsを使用して指定したRSSフィードのURLからデータを取得し、
Beautiful Soupを使用してXML形式で解析しています。**soup.find_all('item')**
を使って、各記事を示す**<item>**要素を抽出しています。その後、各記事からタイトル
とリンクを取得して表示しています。

実際のRSSフィードの構造はサイトによって異なるため、対象のRSSフィードの構造
に合わせて適切に修正する必要があります。

　サンプルコードが作成されました。これを読んで、使い方を理解してください、
ということのようです。ただ、いきなりコードを見せられても、それだけではちょっ
と理解できないかもしれませんね。

BeautifulSoup利用の流れ

　では、AIの応答をベースに、もう少し噛み砕いて説明をしましょう。まず最初に行うのは、BeautifulSoupのインポートです。

● BeautifulSoupのインポート

```
from bs4 import BeautifulSoup
```

BeautifulSoupは、bs4というモジュールに「BeautifulSoup」クラスとして用意されています。このクラスをインポートします。このように「モジュールにあるこれだけ使いたい」というようなときは、「from」というものを使い、「fromモジュール import ○○」というようにして特定のものだけをインポートできます。

● Beautiful Soupインスタンスの作成

```
変数 = BeautifulSoup(コンテンツ, "xml")
```

引数には、解析するコンテンツと、コンテンツの解析を行う「パーサー」と呼ばれる値を指定します。コンテンツは、Webから取得したテキストをそのまま指定すればいいでしょう。パーサーは、あらかじめ用意されている値のいずれかを指定します。XMLの場合、"xml"とすればOKです。

● 記事オブジェクトを検索

```
変数 =《BeautifulSoup》.find('item')
変数 =《BeautifulSoup》.find_all('item')
```

BeautifulSoupオブジェクトからメソッドを呼び出して、コンテンツ内の要素を取り出します。XMLでもっともよく利用されるのは「find」「find_all」でしょう。これらは、引数に指定した種類の要素を取り出すものです。findは最初に見つけた要素1つを、find_allは見つかったすべての要素を取り出します。
RSSの場合、記事のコンテンツは<item>という要素として記述されています。これをfind/find_allで取り出せば、記事の内容がわかります。

ResultSetについて

　これらのメソッドで取り出される要素は「ResultSet」というクラスのインスタンスになっています。ここからインスタンス変数やメソッドを呼び出して必要な情報を取得していきます。

● 記事データを処理する

```
変数 =《ResultSet》.title.text
変数 =《ResultSet》.link.text
……略……
```

find/find_allで取り出したResultSetには、それぞれの中に組み込まれている要素の値がインスタンス変数として保管されています。例えば、このような要素を考えてみましょう。

```
<item>
  <title>タイトル</title>
  <link>リンク</link>
</item>
```

この<item>をResultSetで取り出した場合、<title>と<link>は、そのオブジェクト内にtitleとlinkという名前のインスタンス変数 (p.177参照) として保管されています。また、これらの要素の値は、その中のtextという値として保管されています。従って、例えば《ResultSet》.title.textとすれば、<item>内の<title>のテキストを取り出すことができる、というわけです。
　このようにして、ある要素の中にあるサブ要素やそのテキストなどを取り出して利用します。

RSSの構造について

　このように、BeautifulSoupは「インスタンスを作る」「find/find_allで利用したい要素を取り出す」「取り出したResultSetからインスタンス変数で必要な値を得る」という基本的な使い方がわかれば、それほど難しいものではありません。
　難しいのは、BeautifulSoupの使い方ではなく、取得するXMLの構造を理解することです。XMLは、データによってその構造は様々です。ですから利用する前に、まずしっかりとXMLデータの構造を理解しておかなければいけません。

幸い、RSSは基本的なデータ構造が決まっていますから、それさえ理解できれば、どんなRSSデータでも同じように処理していくことができます。では、RSSのデータ構造を簡単に説明しましょう。

```
<rss xmlns:media="http://……" version="2.0">
  <channel>
    <generator>NFE/5.0</generator>
    <title>タイトル</title>
    <link>コンテンツの取得先</link>
    <language>言語</language>
    <webMaster>メールアドレス</webMaster>
    <copyright>コピーライト</copyright>
    <lastBuildDate>生成日時</lastBuildDate>
    <description>説明</description>

    <item>
      <title>記事のタイトル</title>
      <link>リンク先アドレス</link>
      <guid isPermaLink="false"></guid>
      <pubDate>公開日時</pubDate>
      <description>説明文</description>
      <source url="ソース先">ソース名</source>
    </item>

    ……必要なだけ<item>を用意……

  </channel>
</rss>
```

　RSSは、<rss>内の<channel>という要素内に情報がまとめられています。ここには、コンテンツに関する基本的な情報が用意されています。

　各記事の情報は、<item>という要素として用意されています。この中には、<title>、<link>、<guid>、<pubDate>、<description>、<source>といった要素が用意されています。これは常にすべて用意されているわけではなく、サイトや記事によっては省略されるものもあります。

　この<item>は、記事の数だけ用意されます。find_all("item")とすれば、すべての<item>をリストにして取り出すことができます。

では、RSS利用のサンプルとして、Googleニュース (https://news.google.com/) の最新記事を表示するプログラムを作ってみましょう。Googleニュースのトップニュースの更新情報は、以下のURLで得ることができます。

```
https://news.google.com/rss?hl=ja&gl=JP&ceid=JP:ja
```

/rssの後にある?hl=ja&gl=JP&ceid=JP:jaという部分は、日本語のGoogleニュースにアクセスするためのものです。

では、このURLにアクセスして最新のトップニュースを表示するプログラムを作ってみましょう。基本的なコードは先ほどAIがサンプルコードとして作ってくれましたから、あれを手直しすればすぐに作れそうですね。

では、あたらしいセルに以下を記述してください。

リスト9-5-4

```
01  import requests
02  from bs4 import BeautifulSoup
03
04  # RSSフィードのURL
05  rss_url = 'https://news.google.com/rss?hl=ja&gl=JP&ceid=JP:ja'
06
07  # RSSフィードのデータを取得
08  response = requests.get(rss_url)                                  ━①
09
10  # ステータスコードが200か確認
11  if response.status_code == 200:
12      # BeautifulSoupオブジェクトの生成
13      soup = BeautifulSoup(response.text, 'xml')                    ━②
14
15      # フィード内の各記事を取得
16      items = soup.find_all('item')                                 ━③
17
18      for item in items[0:5]:                                       ━④
19          # 各記事のタイトルとリンクを表示
20          title = item.title.text
21          link = item.link.text                                     ━⑤
22          print(f"タイトル: {title}")
23          print(f"リンク: {link}")
24          print("------------------------")
25  else:
26      print(f"RSSフィードの取得に失敗しました。ステータスコード: {response. ➡
    status_code}")
```

```
タイトル: ニューハンプシャー州予備選 トランプ氏勝利確実 主要メディア | NHK - nhk.or.jp
リンク: https://news.google.com/rss/articles/CBMiPmh0dHBzOi8vd3d3My5uaGsub3IuanAvbmV3cy9odG1sLzIwMjQwMTI0L2sxMDAxNDMzMjM3MTAwMC5odG1sOg
--------------------------
タイトル: 【交通情報】高速道路は通行止めなど影響続く見込み・今季一番の寒気／（15:00更新 名神高速道路で立ち往生） - ウェザーニュース
リンク: https://news.google.com/rss/articles/CCAiCzdhRXF1ZEhLeURVmAEB?oc=5
--------------------------
タイトル: 滋賀県に今日2回目となる「顕著な大雪に関する気象情報」 大規模な交通障害の恐れ(気象予報士 日直主任 2024年01月24日) - tenki.jp
リンク: https://news.google.com/rss/articles/CBMiOmh0dHBzOi8vdGVua2kuanAvZm9yZWNhc3Rlci9kZXNrcGFydC8yMDI0LzAxLzI0LzI3MTc0Lmh0bWzSAT5odH
--------------------------
タイトル: 新潟 関越道 高速バスとトラックなどの事故 約１０人軽傷か｜NHK 首都圏のニュース - nhk.or.jp
リンク: https://news.google.com/rss/articles/CBMiPWh0dHBzOi8vd3d3My5uaGsub3IuanAvc2h1dG9rZW4tbmV3cy8yMDI0MDEyNC8xMDAwMTAxMzY1Lmh0bWzSAQ
--------------------------
タイトル: “北朝鮮 巡航ミサイル数発を黄海に向け発射”韓国軍発表 | NHK | 北朝鮮 ミサイル - nhk.or.jp
リンク: https://news.google.com/rss/articles/CBMiPmh0dHBzOi8vd3d3My5uaGsub3IuanAvbmV3cy9odG1sLzIwMjQwMTI0L2sxMDAxNDMzMjM5MTAwMC5odG1sOg
--------------------------
```

図 9-5-1　Google ニュースの最新トップニュースを5つ表示する

セルを実行すると、Googleニュースのトップニュースから最新の記事を５つピックアップして表示します。

RSS処理の流れを整理しよう

では、ざっとコードの内容を見てみましょう。まず、BeautifulSoupインスタンスを用意します（2）。

```
soup = BeautifulSoup(response.text, 'xml')
```

response.textは、1のrequests.getで得たRSSのコンテンツですね。そしてパーサーに'xml'を指定して、XMLデータとして処理をします。

続いて、<item>の要素すべてをリストにまとめて取り出します（3）。これでitemsにすべての<item>のResultSetが用意できました。

```
items = soup.find_all('item')
```

後は、ここから順に要素を取り出して処理するだけです。

全データを表示するとかなりの長さになってしまうので、ここではitems[0:5]でリストから０～４個目までの要素を取り出し、これを順に処理しています（4）。

```
for item in items[0:5]:
```

Chapter 9

ここでは以下のようにして<title>と<link>の値を変数に取り出しています
（**5**）。

```
title = item.title.text
link = item.link.text
```

　これらをそのままprintで出力すれば、記事のタイトルとリンクが出力されてい
きます。BeautifulSoupを使うことで、RSSから記事の情報だけを簡単に取り出し
て表示することができました！

Chapter **10**

プログラムの中から
ChatGPTを使おう

この章のポイント
- OpenAI APIを使えるように準備しましょう。
- Completions と Chat Completions の基本を覚えましょう。
- プログラム内からの AI 利用のアイデアを練りましょう。

01 OpenAIに開発者として登録しよう
02 API利用に必要な設定を行おう
03 クレジットを購入しよう
04 OpenAI APIを使おう
05 パラメーターを調整しよう
06 自分のプログラムからAIを使おう
07 AIを使ってさらにPythonを使いこなそう

01 OpenAIに開発者として 登録しよう

　ここまで、ChatGPTの力を借りて学習を進めてきました。ChatGPTを始めとする生成AIは日増しに影響力を高めています。ワープロから表計算、開発ツールなど、さまざまなところでAIが組み込まれ利用されるようになってきました。

　Pythonを使って自分なりのプログラムを作ろうと思っているなら、「自分のプログラムでもAIの力を利用したい」と思うのは自然の成り行きでしょう。そこで最後に、PythonからChatGPTを利用する方法について説明しましょう。

　「ChatGPTを利用する」といっても、前章のようにrequestsでChatGPTのページにアクセスして結果を受け取る、というようなやり方はしません。こうした手法ではChatGPTを使えないようにサイトが設計されています。ではどうするのか。それは「API」を利用するのです。

　「API（Application Programming Interface）」は、プログラム間で情報をやり取りしたり機能を呼び出したりするためのインターフェイスです。プログラムからAPIにアクセスすることで、様々なデータやサービスを呼び出すことができます。

　ChatGPTの開発元であるOpenAIは、自社が開発するAIモデルを利用するためのAPIを提供しています。OpenAIに開発者としてアカウントを登録し、料金を払うと、APIを使ってAIモデルを利用できるようになります。2024年4月の時点で、初めて利用する人には5ドル分のアクセスが無料で提供されています。また有料で利用開始する際も、最初に支払う額は10ドル（約1,500円）程度です。これで、おそらく数千回以上APIにアクセスできます。本格的にアプリ開発をしようと思ったらそれなりの費用が発生しますが、学習目的でAIを使うならこれで十分でしょう。

◯ OpenAIにアカウント登録する

　では、早速OpenAIにアカウント登録をしましょう。OpenAIのWebサイトにアクセスしてください。URLは以下の通りです。

● https://openai.com/

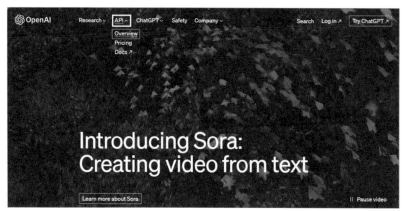

図 10-1-1　OpenAI のサイト。上のメニューから「API」内の「OverView」を選ぶ

　上のメニューの「API」というところにある「Overview」を選んでください。OpenAIのプロダクトページに移動します。この画面にある「Get started」ボタンをクリックすると、アカウントの登録作業が開始されます。

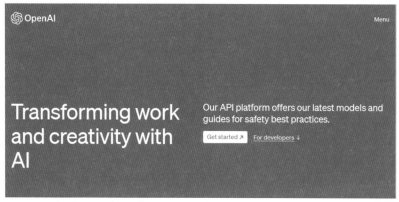

図 10-1-2　プロダクトページにある「Get started」ボタンをクリックする

　以後、手順に従って作業していきましょう。なお、OpenAIのサイトは頻繁に更新されていますので、ここでの手順も、さらに変更される可能性があります。ただし、基本的な設定と情報の入力はそれほど大きく変わることはないでしょう（表示デザインや入力の順番などが変化するだけです）。ですので、もし実際にアクセスしたときの表示が説明と異なっていたとしても、慌てずに表示内容をよく読んで入力を進めるようにしてください。

1. アカウント情報の入力

作成するアカウントの入力画面が現れます。ここではメールアドレスを使って登録する他、GoogleやMicrosoftのアカウントもそのまま使えます。既に皆さんはColabを使っていますから、同じGoogleアカウントで登録するとよいでしょう。

図 10-1-3　作成するアカウント情報を入力する

画面にある「Googleで続ける」ボタンをクリックし、次の画面で利用するGoogleアカウントを選択します。

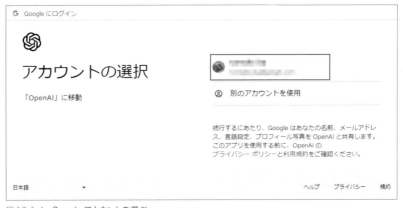

図 10-1-4　Googleアカウントを選ぶ

2. OpenAIにログイン

　「OpenAIにログイン」という表示が現れます。Googleアカウントで OpenAIにログインするとプロフィールの情報などが共有されますよ、という説明と確認の画面です。そのまま「次へ」ボタンで進みましょう。

図 10-1-5 「OpenAI にログイン」画面。「次へ」ボタンをクリックする

3. Tell us about you

　利用者情報を入力する画面が現れます。名前、組織団体などの名称、生年月日を入力します。組織団体名は個人ならば未入力のままでOKです。入力したら「Agree」ボタンで登録を完了します。

図 10-1-6 名前、組織名、生年月日を入力する

02 API利用に 必要な設定を行おう

　アカウントが登録されると、OpenAI APIの「Overview」というページが表示されます。これがOpenAIの開発者向けサイトの画面です。このOverview画面は、OpenAIの開発者向けドキュメントを表示するものです。左側にドキュメント類のリストがあり、ここで選択したドキュメントが表示されるようになっています。

　画面の一番左端には、縦一列にアイコンがズラッと並んだアイコンバーがあります。ここにマウスポインタを移動するとメニューが左側から現れます。このアイコンのメニューから、OpenAI APIを利用する上で必要となる各種の設定画面を開いて作業するようになっています。

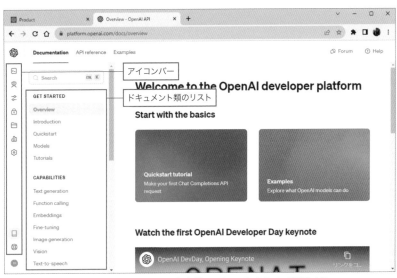

図 10-2-1　OpenAI API のドキュメントページ。左側のアイコンバーからページ移動する

💡 APIキー作成とユーザー認証

　アカウント登録したら、まず最初に行うのは「APIキー」の作成です。OpenAIのAPIを利用するためには、APIキーというものを発行してもらう必要があります。これはユーザーごとに個別に割り当てられるもので、これを利用することで、「今、APIを利用したのはこのアカウントだ」ということを識別するようになっているのですね。

APIキーは、左側のアイコンバーから「API keys」という項目を選んで行います。

図 10-2-2 「API keys」の画面から「Create new secret key」ボタンをクリックする

　表示されたページでは、APIキーの登録や、作成したAPIキーの管理などを行えます。

　ページが表示された状態では、まだAPIキーの作成は行えません。おそらく「Verify your phone number to create an APIKey」というメッセージが表示されているでしょう。これは「APIキーを作成するには電話番号で本人確認をしておかないとダメですよ」ということをいっているのですね。

　では、この表示の右側にある「Start verification」ボタンをクリックしてください。

図 10-2-3 「Start verification」ボタンをクリックする

　画面に「Verify your phone number」という表示が現れます。ここに携帯電話の番号を入力し、「Send code」ボタンをクリックします。これで入力した番号にコード番号がショートメッセージとして送られてくるので、この番号を入力してください。

　なお、携帯電話番号は、国を「日本」に設定し（デフォルトで選ばれているはず

です)、最初のゼロを省略して数字だけを記入します。例えば「090-1111-2222」
ならば、「9011112222」と入力します。

図 10-2-4　携帯電話番号を入力してコードを送信する

💡 APIキーを作成しよう

　ユーザー認証がされたら、APIキーを作成しましょう。「API keys」画面では、
作成したAPIキーが一覧表示されます(まだ作ってないので表示はされませんが)。
ここに「Create new secret key」というボタンが見えるでしょう。これがAPIキー
作成のボタンです。これをクリックしてください。

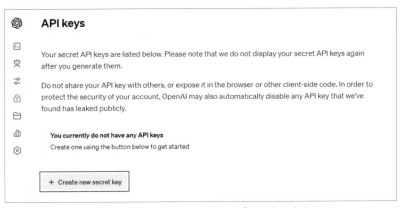

図 10-2-5　「API keys」の画面。「Create new secret key」ボタンをクリックする

　画面に「Creat new secret key」というパネルが現れます。ここで、キーの名
前を入力します。これはオプションなので省略してもいいですが、「こういう用途に
使う」ということをメモ代わりに書いておくとよいでしょう。そして「Creat new
secret key」ボタンをクリックしてください。

![Create new secret key のダイアログ。Name フィールドに「My Sample Key」と入力され、Cancel と Create secret key ボタンが表示されている]

図10-2-6 APIキーの名前を入力して「Create new secret key」ボタンをクリックする

　画面にパネルが表示され、そこに用意されているフィールドにAPIキーが書き出されます。このAPIキーは、ここで必ず保存しておく必要があります。キーのフィールド右側にあるボタンをクリックするとキーがコピーされるので、そのままどこかにペーストして保存しておきましょう。

　このキーは、プログラムからAPIにアクセスする際に必要となります。キーはパネルを閉じてしまうと二度と表示できないので、必ずここでコピーしてどこかに保管してください。「Done」ボタンを押すとパネルが消えます。

クリックするとAPIキーがコピーされる

図10-2-7 作成されたAPIキー。必ずどこかに保管しておこう

03 クレジットを購入しよう

　OpenAI APIの利用は、「クレジット」と呼ばれるものを購入して行います。クレジットはOpenAI内で使われるポイントや通貨のようなもので、APIを利用するとクレジットが消費されていきます。必要に応じてクレジットを購入して利用していくわけです。

　まずはAPIの利用量のページを確認しておきましょう。左側のアイコンバーから「Usage」という項目を選ぶとページが表示されます。このページでは、月ごとのAPI利用量が表示されます。

　右側の「Credit Grants」という表示を見てください。「$0.00 / $5.00」と表示がされているでしょう。$0.00が使用量、$5.00が現在のクレジットを表します（ただし、現時点ではクレジットを購入してないため、これは仮の値です）。このグラフを見れば、現在どのぐらいクレジットを消費したかがわかる、というわけです。ここで消費の状態を見ながら、さらにクレジットを購入したらいいか判断していきます。

図10-3-1　Usage では API の利用量が表示される

💡 Billingで支払いの設定をしよう

　では、実際にAPIを利用するのに必要なクレジットを購入しましょう。左側のアイコンバーから「Settings」を選び、その下に現れる「Billing」を選択してください。支払いの設定画面が現れます。ここで支払いの設定を行いましょう。

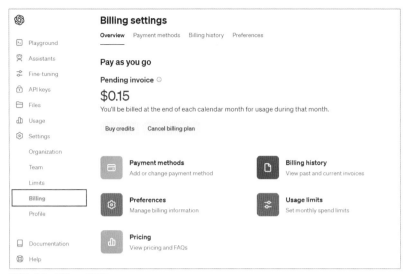

図 10-3-2　Billing の画面

1. What best describes you?

　画面にある「Payment method」ボタンをクリックすると、「What best describes you?」というパネルが現れます。これは、個人利用か企業利用かを選択するものです。個人の利用ならば「Individual」を選択します。

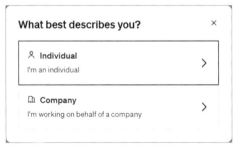

図 10-3-3　個人利用は「Individual」を選択する

2. Add payment detail

　支払いに使うクレジットカードの情報と支払う人間の住所を入力します。OpenAIの支払いは、現時点ではクレジットカードしか対応していません。

Chapter 10

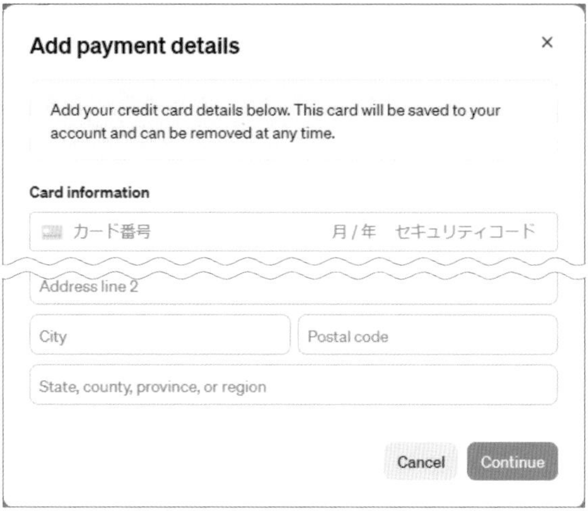

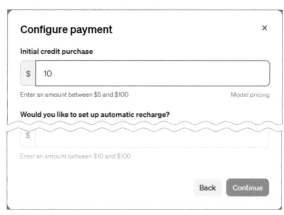

図 10-3-4　カード情報と住所を入力する

3. Configure payment

　続いて、クレジットの購入画面になります。ここで購入するクレジットの金額を入力します。デフォルトでは「10」が入力されているでしょう。特に理由がない限り、金額はこのままにしておきます。「Continue」ボタンを押せば購入を行います。

図 10-3-5　金額を入力しクレジットを購入する

さあ、ようやくOpenAI APIを利用するための準備が整いました。では、OpenAI APIの利用の仕方をAIに質問しましょう。

リスト10-4-1

 あなた
PythonでOpenAI APIを使う方法を初心者にもわかりやすく説明して。

 ChatGPT
OpenAI APIをPythonで使う方法を初心者向けに説明します。OpenAI APIは、自然言語処理モデルを使って様々なタスクを実行するためのツールです。以下は、APIを使用して文章生成を行う例です。

1. OpenAI APIのインストール

まず、OpenAI APIを使うためには、OpenAIのアカウントを作成し、APIキーを取得する必要があります。

1. [OpenAIのウェブサイト] (https://openai.com/) にアクセスして、アカウントを作成します。
2. ダッシュボードでAPIキーを生成します。

次に、PythonでOpenAI APIを使うために、**openai**パッケージをインストールします。

```
pip install openai
```

……以下略……

ライブラリのインストールからAPIキーの取得、そして基本的なコードまで一通りの説明がされました（途中で省略してあります）。さすがChatGPT、OpenAI APIの使い方もちゃんとわかってる！　と思ったことでしょう。

残念ながら、応答で表示されたPythonのコードは間違っているでしょう。筆者が確認したコードは、このまま実行してもエラーになって動きませんでした。基本的な説明はだいたい正しいのですが、細かな点でいろいろと問題があったのです。その原因は、生成されるコードが古いことです。

「ChatGPTは、最近の情報を持っていない」という点を知っておく必要があります。ChatGPTの無料プランで利用されている「GPT-3.5」というAIモデルは、

2022年1月までの情報しかありません。このため、最新の情報が必要となるような質問には答えられないのです。

OpenAI APIは、公開されたのは2020年ですが、その後、頻繁にアップデートされています。2023年1月現在利用できるAPIは、2023年秋に大幅に改良されたもので、それ以前のコードとは互換性が損なわれています。このため、ChatGPTが生成した古いコードを書いても動かないのです。

プログラミングの世界でAIを利用しようと思うと、こういう問題に突き当たります。つまり、「最新技術にAIは対応していない」という問題です。いずれはアップデートにより新しい情報を学習したモデルが登場して、OpenAI APIのコードも問題なく生成できるようになるでしょう。しかし、その頃にはさらに新たな技術が登場して、それらに対応できなくなっていることでしょう。AIは、「学習済みのことしか答えられない」のです。いつの時代も、常に「その時代の最新情報」は得られないのです。

> ただし、最近ではWebにアクセスして最新の情報をその場で検索して応答するようなAIも登場し始めました。こうしたものは、問題をクリアできているかもしれません。

💡 openaiライブラリを用意する

では、AIにアクセスするコードは後回しにして、それ以外の説明を見ていきましょう。OpenAI APIを利用するには、2つの作業が必要です。

1. APIキーの取得。これは既に行いました。
2. openaiライブラリのインストール。

1は済んでいますから、2のライブラリのインストールを行いましょう。新しいセルに以下を書いて実行してください。

リスト10-4-2

```
01 !pip install openai
```

これでopenaiというライブラリがインストールされます。Colab以外の環境を利用している場合は、冒頭の「!」記号を削除して実行してください。OpenAIのライブラリは、openaiという名前で用意されています。pip install (p.181参照) でこれをインストールします。

OpenAI インスタンスの作成

準備ができたら、OpenAIを利用するコードについて説明しましょう。ChatGPT からの応答では、インストールの後にコードの説明もされていましたが、残念ながら内容が古く、現在は動作しないものになっていました。これ以降は、人間が説明することにしましょう。

OpenAIの機能を利用するには、openaiライブラリにある「OpenAI」というクラスを使います。あたらしいセルを用意し、以下のコードを書いて実行してください。

リスト10-4-3

```
01  from openai import OpenAI
02
03  API_KEY = '……APIキーを記述……'  ———— ご自身のキーを記述してください
04
05  client = OpenAI(
06      api_key=API_KEY,
07  )
```

これで、変数clientにOpenAIインスタンスが用意されます。

最初に from openai import OpenAI でクラスをインポートしておきます。そして以下のようにしてインスタンスを作成します。

```
変数 = OpenAI(api_key=○○)
```

api_keyという引数に、自分が取得したAPIキーを文字列の値として記述しておきます。これで、指定のAPIキーを利用するためのインスタンスが用意されました。

AIとやり取りする2つの方式

では、作成したOpenAIインスタンスを使ってAIにプロンプトを送り、応答を受け取る処理を作成しましょう。

プロンプトを送ってAIから応答を受け取る方法は、実は2つあります。それは「Completions」と「Chat Completions」です。

● Completions

プロンプトを送ると、それに続くテキストを生成して返します。これは生成AIの
もっとも基本となる方式です。ただしOpenAIでは、これは旧方式として非推奨
にしていくようです。

● Chat Completions

ユーザーとAIの間でメッセージを何度もやり取りできる方式です。いわゆる
「チャット」を行うためのもので、OpenAIではこちらの方式を推奨しています。

　Completionsは古いやり方で、今はChat Completionsを使うのが基本となっ
ています。では、Completionsは知らなくてもいいのか？　いいえ、実はそうでも
ありません。実は、この方式を推奨しないのはOpenAIだけで、それ以外の生成AI
モデルでは普通に利用できるのです。

　Completionsは、ただテキストを送って応答を受け取るだけですが、Chat
Completionsはやり取りをメッセージとして作成し管理しないといけません。それ
だけ面倒くさいのです。ですから、最初はCompletionsから使い始めたほうがわ
かりやすいのですね。

図10-4-1　CompletionとChatCompletionの違い

Completionsを使おう

では、Completionsから使ってみましょう。今回はサンプルコードを先に挙げておきます。これを見ながら使い方を説明しましょう。

リスト10-4-4

```
01  message = "" # @param {type:"string"}
02
03  response = client.completions.create(                    ──1
04    model = "gpt-3.5-turbo-instruct",
05    prompt = message
06  )
07
08  print(response.choices[0].text.strip())
```

図10-4-2　フィールドにプロンプトを記入し実行すると、AIから応答が表示される

このセルにはフィールドが1つ用意されています。ここに送信するプロンプトを書いてセルを実行すると、OpenAI APIにアクセスし、応答のテキストを表示します。なお、応答のテキストが途中で切れてしまった人もいるでしょう。これは後で説明しますので今は気にしないでください。

ここでは、OpenAIの「completions」というオブジェクトから「create」というメソッドを呼び出しています（1）。

```
《OpenAI》.completions.create(
  model = モデル名,
  prompt = プロンプト
)
```

この他にもオプションの引数は色々と用意されていますが、最低でも「model」と「prompt」の2つは用意する必要があります。AIモデルにアクセスするのは、たったこれだけで行えます。

プロンプトはユーザーが送る質問文ですが、モデルは？　これは、使用するAIのことです。AIというのは、その仕組や学習内容などに応じてさまざまなモデルが作成されています。Completionsでは、「GPT-3.5-turbo」というモデルが用意されており、ここではその改良版（instruct）を使っています。

💡 Completionsの戻り値

　問題は、返される値です。createメソッドの戻り値はCompletionというオブジェクトなのですが、これは、以下のような内容になっています。

応答のオブジェクト

```
Completion(
  id='……ID……',
  choices=[
    CompletionChoice(
      finish_reason='stop',
      index=0,
      logprobs=None,
      text='\nこんにちは！\n\nHello\n\nこんにちは！'
    )
  ],
  ……以下略……
)
```

　応答に直接関係のない部分は省略しておきました。Completionには「choices」という値があり、そこに応答の情報が「CompletionChoice」というオブジェクトのリストとして保管されています。

　このCompletionChoiceには「text」という値があり、ここに応答の文字列が保管されています。この値を取り出せばいいのです。

　CompletionだのCompletionChoiceだの、見たことのないクラスがいきなり登場して面食らったと思いますが、これらの名前やクラスの詳細などは覚える必要ありません。「戻り値はオブジェクトになっていて、その中のchoicesにリストとして入っているオブジェクトのtextから応答を取り出す」という基本的な構造が頭に入っていればOKです。

　クラスの便利なところは「中身がどうなっているのか知らなくても使える」という点にあります。「必要な機能の使い方」だけ知っていればそれで十分なのです。

💡 チャット機能を使うには？

　これで、もっとも簡単なAIへのアクセスができるようになりました。しかし、実際のAI利用では、チャット方式が主流です。基本がわかったところで、チャットを利用したやり取りについても行ってみましょう。

　これも、まずはサンプルコードを書いて動かしてみましょう。新しいセルに以下のコードを記述してください。

```
01  message = "" # @param {type:"string"}
02
03  response = client.chat.completions.create(
04    messages=[
05      {
06        "role": "user",
07        "content": message,
08      }
09    ],
10    model="gpt-4",
11  )
12  print(response.choices[0].message.content.strip())
```

> こんにちは！何かお手伝いできることがありますか？

図 10-4-3 プロンプトを書いて実行すると、AI の応答が表示される

　基本的な使い方は、先ほどのCompletionsのサンプルと全く同じです。プロンプトを入力するセルにテキストを書いて実行すれば、その応答が表示されます。

チャットのcreateメソッド

　チャット方式を利用する場合、OpenAIにある「chat.completions」というところにあるオブジェクトから「create」メソッドを呼び出します。このメソッドは、先ほどのCompletionsのcreateとは微妙に引数が違います。

```
《OpenAI》.chat.completions.create(
  messages = [ メッセージ, ……],
  model = モデル名
)
```

　今回は、modelに「GPT-4」を使っています。GPT-4は、ChatGPTの有料版でのみ使える最新モデルです。また、chat.completionsではプロンプトを指定するpromptではなく、代わりに「messages」という値を用意します。これにメッセージの情報を用意しておくのです。注意したいのは、このmessagesに指定する値は「メッセージのリスト」でなければいけない、という点でしょう。チャットはユーザーとAIのあいだのやり取りを行うものですから、やり取りのメッセージをそのままAIに送れるようになっているのですね。

Chapter 10

では、このメッセージにはどのように値を用意するのか。これは以下のようなものになります。

```
{ "role": ロール, "content": コンテンツ }
```

roleとcontentという2つのキーを持つ辞書の形で用意するのですね。これらはそれぞれ以下のような役割を果たします。

● "role"
そのメッセージが「誰の発したものか?」を示します。この値は、以下の3つのいずれかで設定されます。
  ● "system" … システムによるメッセージ
  ● "user" … ユーザーの送ったプロンプト
  ● "assistant" … AIモデルからの応答

● "content"
そのメッセージに設定されているコンテンツです。プロンプトや応答などのテキストはすべてここに設定されます。

この中で重要なのが「role」の指定です。単純にユーザーの入力したプロンプトを送るだけなら、"user"をroleに指定したメッセージを用意すればいいでしょう。"system"や"assistant"は、AIに基本的な指示を設定したり、ユーザーとAIのやり取りの例を用意したりするのに使われます。これらは、今すぐ使い方を覚える必要はありません。とりあえず、「プロンプトを送るときは"user"を使う」ということだけ覚えておきましょう。

チャットの応答について

これでcreateを実行すると、AIから応答の情報が返ってきます。この値も、やはりさまざまな値が組み込まれたオブジェクトになっています。

応答のオブジェクト

```
ChatCompletion(
  id='……ID……',
  choices=[
    Choice(
      finish_reason='stop',
```

```
      index=0,
      logprobs=None,
      message=ChatCompletionMessage(
        content='こんにちは、何かお手伝いできることがありますか？',
        role='assistant',
        function_call=None,
        tool_calls=None
      )
    )
  ],
  ……以下略……
)
```

　今回、返されるのは「ChatCompletion」というクラスのインスタンスです。この中の「choices」というところに応答の情報がリストにまとめられて保管されています。この点は同じですね。

　ただし、保管されている応答のオブジェクトはかなり違います。「Choice」というクラスのインスタンスであり、その中には生成された応答に関するさまざまな値がまとめられています。応答のメッセージは、「message」に保管されます。

　このmessageの値は「ChatCompletionMessage」というクラスのインスタンスになっており、そこにあるcontentに応答のメッセージが保管されています。またroleにはロールの値も用意されます（AIからの応答は、必ず「assistant」になっています）。

　というわけで、チャットの応答は、「戻り値のchoicesにあるリストからオブジェクトを取り、その中のmessageにあるオブジェクトからcontentの値を取り出す」という形で取得されます。ここで登場したクラス名などは覚える必要は全くありませんが、この「応答のメッセージを取り出す手順」はしっかり理解しましょう。

05 パラメーターを調整しよう

　これで一応、AIとやり取りをする基本はわかりました。ただし、実際にいろいろと試してみると、問題が起こることもあります。まず誰でもすぐに気がつくのが「応答が途中で切れることがある」という点でしょう。特にCompletionsを利用した場合、途中で切れた応答が頻繁に返されるはずです。

　これは、「応答の最大の長さ」を調整していないために起こります。OpenAIのモデルは、応答の長さ（正確には「トークン数」という単語などの個数）に応じて課金されます。このため、デフォルトではあまり長い応答が返されないようになっているのです。

　こうしたAI利用の様々な設定は、パラメーターとして用意されています。createメソッドでAIにアクセスをする際、引数としてパラメーターの値を用意すれば、それを使って設定を変更してAIを利用できます。

パラメーター	設定内容
max_tokens	応答の最大の長さ（トークン数）。整数で指定
temperature	温度。トークンのランダム性を調整するもの。0〜2の実数で指定
top_p	トップP。候補となるトークンの上位何%から次のトークンを選ぶかを指定するもの。0〜1.0の実数で指定
frequency_penalty	頻度のペナルティ。トークンの出現する頻度を調整するもの。-2.0〜2.0の実数で指定
presence_penalty	プレゼンスペナルティ。特定トークンの出現する確率を調整するもの。-2.0〜2.0の実数で指定
logit_bias	出現バイアス。トークンの出現する確率を調整するもの。-100〜100の実数で指定
n	応答の個数。整数で指定

　なんだか難しそうなものがズラッと並びましたが、すべて理解する必要はありません。パラメーターは、AIがどのようにして応答を生成しているのかという仕組みを把握した上で、その調整を行うものです。従って、パラメーターによっては非常に難解な概念を理解していないと使えないものもあります。

　とりあえず紹介だけしたので、この先AIを利用していて次第に理解が深まってくれば、これらのパラメーターがどういう働きをするものかわかってくるでしょう。そうなったときに利用すればいいのですよ。

もちろん、中には今すぐ覚えて使えるパラメーターもあります。それは以下の2つです。

- max_tokens
  これで、長い応答も作れるようになります。だいたい100〜300ぐらいを指定しておいて、それでも足りなかったら数を増やすといいでしょう。

- temperature
  AIが生成する応答の内容を調整するパラメーターの中で、もっとも使いやすくわかりやすいのがこれです。これは、生成される応答が「堅実なものか、創造的なものか」を調整するものです。ゼロに近いほど堅実な応答を作るようになり、2に近いほど創造的な（別の言い方をすれば「デタラメ」な）応答を作るようになります。

max_tokensは、すぐにでも使えますね。応答が途中で切れたら、少しずつ値を増やして調整しましょう。また、「応答をもっとクリエイティブにしたい」とか「もっと確実な回答がほしい」と思ったときは、temperatureの値を調整してみましょう。

 COLUMN **トークンって何？**

応答の長さの説明で「トークン」というものが出てきました。トークンというのは、AIが処理する言葉の最小単位となるものです。英語の場合、だいたい「1単語＝1トークン」となります（長い単語の中にはいくつかのトークンで構成されているものもあります）。この他、カンマやコロン、クエスチョンマークなどの記号類も1トークンとして数えられます。
日本語の場合、まだ未対応なモデルでは「1文字＝1トークン」と扱われることもありますが、日本語に対応しているモデルでは単語単位でトークンとして扱われるようになっています。

06 自分のプログラムから AIを使おう

これで、AIをPythonのコードから利用する基本がわかりました。後は、自分のプログラムの中でAIをどう利用できるかを考えていきましょう。

AIは、さまざまな用途に使えます。単に「質問すると答えが返ってくる」というだけではありません。例えば、テキストの翻訳、テキストの要約、メールや手紙など定型文の作成、アイデア出し、ダミーデータの生成、コードの生成といった用途に使えますね。

こうした機能を組み合わせることで、オリジナルなプログラムを作成できるようになります。

では、簡単な利用例として、「質問すると、Webから関連するコンテンツを取得し要約して答える」というプログラムを作ってみましょう。このプログラムでは、フィールドに質問などのテキストを記入して実行すると、その質問文から最適な検索ワードを生成してGoogle検索し、得られたWebページのコンテンツを取得してまとめたものをAIで要約して返します。AIの応答と異なり、Webの検索結果をベースにしているため、特に最近のニュースや地域の話題などに関する質問にはAI以上に適切な応答をしてくれるでしょう。

AIに2回、Googleに1回、取得した検索結果から複数のWebサイトに数回アクセスするため、実行してから結果が表示されるまでそれなりに時間がかかります。

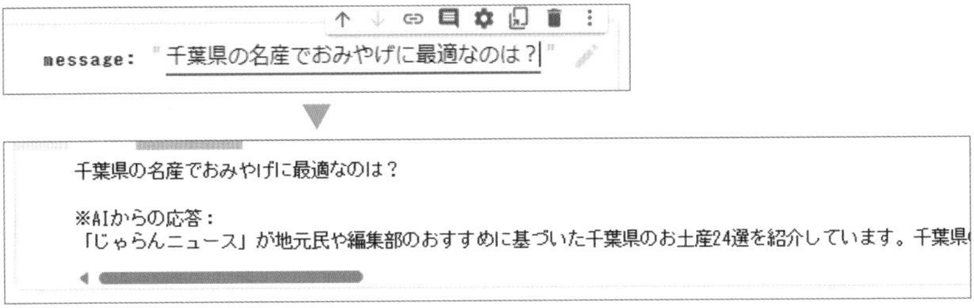

図 10-6-1　質問文を書いて実行すると、Web の検索結果を要約して答える

検索ワードを生成する

では、順にプログラムを作成していきましょう。まずは、さまざまな機能を関数(p.160参照)として作成していきます。

最初に作るのは、入力した質問部から検索ワードを生成する処理です。Webの検索は、文章をそのまま検索するより重要な検索ワードをいくつかに絞って検索し

たほうが的確な結果が得られます。そこでAIを使い、テキストから検索ワードを取得する関数を定義します。

新しいセルを用意し、以下を記述してください。

リスト10-6-1

```
01  import requests
02  import re
03  from openai import OpenAI
04  from bs4 import BeautifulSoup
05
06  def get_AI_answer(message):
07    response = client.chat.completions.create(
08      messages=[
09        {"role": "system",
10          "content": "質問内容を調べるのに最適な検索キーワードを３つ挙げて➡
    下さい。"},
11        {"role": "user",
12          "content": "ChatGPTをPythonから利用するためのサンプルコードを➡
    挙げて。"},
13        {"role": "assistant",
14          "content": "chatgpt python サンプルコード"},
15        {"role": "user",
16          "content": "フランス革命の主要人物について教えて。"},
17        {"role": "assistant",
18          "content": "フランス革命 主要人物"},
19        {"role": "user",
20          "content": message}
21      ],
22      model="gpt-4",
23    )
24    return response.choices[0].message.content.strip()
```

最初にrequests,re,OpenAI,BeautifulSoupなどのimport文が並びますが、これらはこのプログラム全体で使うものをあらかじめインポートしておくために用意しておきました。OpenAI以外のものはここでは使っていません。

ここでは、chat.completionsのcreateメソッドでチャットを使いメッセージを送信しています。このメッセージは、かなりたくさんのものが送られていますね。

```
system: 質問内容を調べるのに最適な検索キーワードを３つ挙げて下さい。
user: ChatGPTをPythonから利用するためのサンプルコードを挙げて。
assistant: chatgpt python サンプルコード
user: フランス革命の主要人物について教えて。
assistant: フランス革命 主要人物
user: ……実際に質問するメッセージ……
```

最後のuserのメッセージが、実際に送信するメッセージです。では、それ以外のものは何でしょうか。

　最初にある「system」のメッセージは、ChatGPTがチャットの初期設定として送るメッセージです。これは、事前に「必ずこの指示に従って応答を考えるように」という大前提となる指示を伝えるものです。

　その後にあるuserとassistantのやりとりは、「サンプルのやり取り」です。systemの指示だけでは、具体的にどんな応答をすればいいかよくわかりません。そこで実際の応答の例をいくつか挙げておき、「こんな具合に応答するんだよ」というサンプルをあげてAIに教えているのですね。こうすることで、こちらが望んだ形で応答が得られるようになります。

💡 Google検索上位のWebサイトのコンテンツを収集する

　続いて、Google検索を行う関数です。検索ワードを引数に渡すと、そのテキストでGoogle検索を行い、得られたURLからWebページのコンテンツをダウンロードしてまとめます。あたらしいセルを用意して書いてもいいですし、**リスト10-6-1**のget_AI_answer関数の後に追記しても構いません。

リスト10-6-2

```
01  def get_google_result(find_words):
02    google_url = f"https://www.google.co.jp/search?q={find_➡
  words}&hl=ja"
03    result_content = ""
04
05    response = requests.get(google_url) ─────────────── 1
06    soup = BeautifulSoup(response.text, 'html5lib') ──── 2
07    h3_list = soup.find_all("h3")
08    for item in h3_list:
09      a_list = item.find_parent("a") ───────────────── 3
10      if a_list:
11        link = a_list.get("href")
12        link_url = re.search(r'/url\?q=(https?://[^&]+)', link).➡
  group(1) ──────────────────────────────────────────── 4
13        #print(link_url)
14        response2 = requests.get(link_url) ──────────── 5
15        link_html = response2.text
16        soup = BeautifulSoup(link_html, 'html.parser') ── 6
17        result_content += soup.text
18      if len(result_content) > 5000:
19        break
20    clean_text = result_content.replace("\n", "")
21    return clean_text.strip()
```

ここでは、`requests.get`を使ってGoogle検索の結果を取得し（■）、BeautifulSoupでそこからリンクの値を取り出しています（■）。■の部分で、`find_all("h3")`で取得した〈h3〉が含まれているエレメントから、さらに`for`の繰り返しで`find_parent`を使い〈a〉から`href`のリンクを取り出す作業を行っています。そして取り出したリンクから、サイトのURLを取り出して（■）、さらに`requests.get`（■）でコンテンツを取得しています。その後、BeautifulSoupでHTMLデータを解析する`'html.parser'`というパーサーを指定してWebから得たコンテンツを解析し、そこからテキストを取り出してまとめていきます（■）。長すぎると後でAIを利用する際に問題を起こすので5000文字を超えない長さにしています。

　この■の作業は、正規表現という機能を利用して行っています。正規表現は、テキストから特定のパターンに合致する部分を検索したり置換したりするもので、パターン次第でどんなテキストも大抵は取り出せるという超スグレモノの機能です。Pythonに限らず、多くのプログラミング言語に搭載されています。ただしそれだけで本一冊ぐらい説明が必要ですので、興味ある人は別途学習してください。

コンテンツを500文字に要約する

　最後の関数です。引数にコンテンツを渡すと、AIを使って500文字前後に要約するというものです。これも、新しいセルに書くか、既に**リスト10-6-2**の関数を書いてあるセルの後に追記する形で記述してください。

リスト10-6-3

```
01 def get_summary(content):
02   chat_result = client.chat.completions.create(
03     messages=[
04       {"role": "system",
05         "content": "以下のメッセージを500文字前後に要約して下さい。"},   ——■
06       {"role": "user",
07         "content": content[0:5000],}   ———————————————————————————■
08     ],
09     max_tokens=700,
10     model="gpt-4",
11   )
12   return chat_result.choices[0].message.content.strip()
```

　これは、`chat.completions`の`create`を使ってAIにアクセスをしています。`messages`では、最初に「以下のメッセージを500文字前後に要約して下さい」という`system`メッセージを用意してあります（■）。こうすることで、`user`のメッセージを500文字前後に要約してくれるようになります。

Chapter 10

送信するコンテンツ（content引数）は、5000文字未満にしてあります（**2**）。これ以上の長さになると、AIのほうで「長すぎる」と受け取りを拒否してしまうので注意してください。

これで、関数はすべて用意できました。必ず記述したセルを実行して、関数が使える状態にしておいてください。

メインプログラムを作ろう

これで必要なものはすべて揃いました。では、用意した関数を使って、メインプログラムを作成しましょう。あたらしいセルを作成し、以下を記述してください。

リスト10-6-4

```
01  message = "" # @param {type:"string"}
02
03  words = get_AI_answer(message)
04  result = get_google_result(words)
05  summary = get_summary(result)
06
07  print(message)
08  print()
09  print('※AIからの応答:')
10  print(summary)
```

完成したら、フィールドにプロンプトを記述して実行し、どのように応答が返ってくるか確認しましょう。

ここで実行しているのは、作成した関数を次々に呼び出す処理だけです。get_AI_answerで検索ワードを作り、それを引数にget_google_resultを呼び出して検索されたコンテンツを取得し、それを引数にget_summaryを呼び出して要約文を作成して表示しています。それぞれの関数さえきちんと動くように用意できれば、メインプログラムはこのようにとても簡単になります。

07 AIを使ってさらに Pythonを使いこなそう

　というわけで、AIの力を借りながらPythonの使い方を学習してきました。基本的な文法の他、pandas.DataFrameのデータ管理やrequestとBeautiful Soup4によるWebスクレイピング、そしてOpenAI APIを使ったAIアクセスなどまでなんとかできるようになりましたね。

　新しい機能について学ぶとき、AIはあなたの力になってくれます。では、どうやってAIを利用していけばいいのでしょう。そのポイントをまとめてみましょう。

1. 最初から「完全な答え」を望まない

　実際にAIを使ってみて、「なんだか思ったほど便利でないな」と感じた人もいるかもしれません。AI利用で陥りがちな罠、それは「AIを使えば完全な答えが得られるはずだ」という思い込みです。まず、その思い込みを捨ててください。AIは、全く完全ではありません。

　AIは、「とても優秀で何でも知っているが、早とちりや勘違いもよくやりがちな同僚」なのです。確かに優秀だし知識も豊富ですが、思い込みや勘違いもしょっちゅうですし、間違ったことをさも正しいように答えたりもします。この点をよく頭に入れて質問しましょう。

2. プロンプトに時間を割かない！

　ある程度AIが使えるようになると、ついやりがちなのが「より優れた応答が得られるように、凝ったプロンプトを書こうとする」ことです。

　よい応答を得られるようにするためのプロンプトのテクニックは、確かにあります。しかし、そうしたテクニックを調べて「どうすればもっといいプロンプトを作れるか」ばかりに時間を費やしてしまうのは本末転倒です。

　10分かけて頭を捻って考えたプロンプトよりも、簡単なプロンプトを書いて10分間AIとやり取りした方が、はるかに得られるものは多いでしょう。高度に洗練されたプロンプト1つよりも、シンプルで簡単なプロンプトを何度も送ったほうがよりよい応答を得られるのです。

3.「対話」こそすべて！

　この「やり取りする」ということでもわかるように、AIの使いこなしは「対話」がすべてです。1度だけのやりとりでベストな応答が得られることなどあまりありません。深く考えた質問でなくていいので、とにかくなにか思いついたら聞く！

そして応答を読んで少しでも疑問があったらすぐに再質問する。これを習慣づけましょう。人間と違って、AIはしつこく何度も質問しても決して嫌がることはありませんから。

4. 同じことを繰り返し聞こう

　質問が高度になるに連れ、返される応答も抽象的でイメージしにくいものになりがちです。そうなると、人は「AIに聞いてもやっぱりわからない」と思ってしまいます。

　AIの重要な働きとして、「同じことを様々な形で説明する」ということが挙げられます。質問の答えが曖昧で抽象的でわかりにくいのなら、同じことを何度も聞けばいいのです。

　「違う形で説明して」
　「もっと具体的に説明して」
　「別の例をあげて説明して」
　「もっと簡単に説明して」

　こんな具合に、同じことを何度も説明させましょう。同じことでも、違う形で説明させればまったく別のコンテンツが出力されます。さまざまな説明を見ていく中で、少しずつ「こういうことかな?」というイメージが醸成されていくはずです。

💡 AI利用のテクニックに頼らない!

　もし、あなたが「AIを利用したプログラムの開発」のためにAIを利用するならば、さまざまなプロンプト技術を駆使して思った通りに動くAIを構築していく必要があります。しかし、単純に「AIにいろいろ聞いて教えて欲しい」ということならば、AI利用のためのテクニックに頼りすぎてはいけません。

　AIは日に日に進化しています。今日のすぐれたテクニックは、明日には無意味になるかもしれません。AIは進化し、より「人間と変わらない」ものに近づいていきます。様々なAIのテクニックは、「現時点でまだそこまで進化しきれていないから必要になるもの」でしかありません。AIが進化すれば不要になるものばかりなのです。

　あなたは、友だちと話をするとき、「話し方のテクニック」なんて考えてますか?何も考えず普通に話しているはずでしょう? それでうまく伝わらなければ「そうじゃなくて、こうだよ」と聞き返すだけです。AIとの対話も、会社の同僚との会話も、

対して違いはありません。ただ、同僚は食事やトイレにいったり、時には怒って出ていくこともありますが、AIはいつでもいくらでも相手をしてくれる。違いはそれくらいです。

　わからないことは、心ゆくまで聞いてください（同僚に、じゃないですよ。AIにです）。AIは間違えることもあるし気が利かないこともありますが、いつでも必ず答えてくれます。「ちょっと待ってて」とか「疲れたからまた明日」ということもありません。

　気が済むまで何度でも聞く。

　この先、どんなにAIが進化しても必ず使える唯一のテクニックは、これです。これさえ忘れなければ、AIはプログラミングを学ぶ上で、あなたの最良のパートナーとなってくれるでしょう。

INDEX

記号・数字

_	057
-	061
*	061
**	061
/	061
#	060
%	061
``	052
+	060, 061
+=	117
<	099
<=	100
!=	099
*=	117
//=	117
/=	117
%=	117
=	055
==	099
>	100
>=	100
# @param	103
2次元データ	183

A〜H

API	244
append	132
area	212
as	183
average	169
axis	201
Beautiful Soup	234

bins	214
bool	052
bool()	073
Chat Completions	258
ChatGPT	002
Colab AI	008, 029
color	208
Completions	258
concat	189
content	262
create	259, 261
CSV	195
DataFrame	180
Data Table	185
def	162
del	133, 144
describe	200
elif	109
else:	106
False	052
find	088, 237
find_all	237
float	051
float()	073
for	118
frequency_penalty	264
from	237
f-string	064
f文字列	064, 075
Google Colaboratory	007, 018
grid	208

I〜N

IDLE	039
if	095
in	088, 128
index	129
index_col	197
input	064

insert	133
int	051, 054
int()	073
import	220
json()	223
JSON	195
len	128
loc	188
logit_bias	264
lower	079
Markdown	053
marker	208
max_tokens	264
n	264
New Chat	049
New File	040

O～R

OpenAI	244
OpenAI API	010, 255
orient	195
pandas	180
PEP 8	097
pie	212
pip	181
plot	203, 207
pop	133
presence_penalty	264
print	059
Python	006, 036
Python 3.10.12	027
Pythonのバージョン	027
range	119
read_csv	197
read_json	197
records	195
remove	133
replace	090
request	218

requests	218
requests.get	219
ResultSet	238
role	262
round	078
RSS	235
Run	041

S～Y

Save	041
scatter	212
Set	146
split	195
status_code	220
str	051, 054
str()	073
sum	169
temperature	264
text	220
to_csv	195
to_json	195
top_p	264
True	052
TypeError	069
upper	079
Webスクレイピング	235
while構文	114
XML	234

あ行～か行

値	050
アンダースコア	057
インスタンス	176
インスタンス変数	177
インデックス	086, 124
インデント	096, 097
エラー	069
オブジェクト	081, 083

型変換 ……………………………… 073
関数 ………………………… 059, 160
キー …………………………… 142, 145
基本統計量 ……………………… 200
キャスト ………………………… 073
クラス …………………………… 174
グラフ …………………………… 180
繰り返し ………………………… 094
クレジット ……………………… 252
構文 ……………………………… 094
コードセル ……………………… 023
コマンドプロンプト …………… 042
コメント ………………………… 060
コレクション …………………… 122

さ行〜た行

散布図 …………………… 212, 215
四捨五入 ………………………… 078
辞書 ……………… 122, 141, 223
実数 ……………………………… 051
条件 ……………………………… 098
条件分岐 ………………………… 094
剰余 ……………………………… 061
除算 ……………………………… 061
真偽値 …………………… 052, 098
ステータスコード ……………… 220
ステートメント ………………… 144
スネークケース ………………… 057
スライス ………………………… 085
正規表現 ………………………… 269
制御構文 ………………………… 094
整数 ……………………………… 051
生成 AI …………………………… 002
属性 ……………………………… 174
ターミナル ……………………… 042
代入 ……………………………… 055
代入演算子 ……………………… 117
タプル …………………… 122, 139
置換 ……………………………… 090

データ型 ………………………… 054
テキストセル …………………… 023
トークン ………………………… 265

な行〜ま行

二重の繰り返し ………………… 157
ノートブック …………………… 019
パーサー ………………………… 237
端数 ……………………………… 077
比較演算子 ……………………… 099
引数 ……………………… 060, 162
ヒストグラム …………… 211, 214
ファイルブラウザ ……………… 021
浮動小数 ………………………… 051
プロンプト ……………………… 015
文 ………………………………… 144
べき乗 …………………………… 062
変換 ……………………………… 071
変数 …………… 040, 050, 056
変数名 …………………………… 057
メソッド ……… 079, 083, 174, 177
モジュール ……………………… 182
文字列 …………………………… 052
戻り値 …………………… 162, 167

や行〜ら行

要素 ……………………… 125, 134
ライブラリ ……………………… 180
ランタイム ……………………… 018
リスト …………………… 122, 124

著者プロフィール

掌田 津耶乃 (しょうだ つやの)

日本初のMac専門月刊誌『Mac+』の頃から主にMac系雑誌に寄稿する。ハイパーカードの登場により「ビギナーのためのプログラミング」に開眼。以後、Mac、Windows、Web、Android、iPhoneとあらゆるプラットフォームのプログラミングビギナーに向けた書籍を執筆し続ける。

近著：

『Amazon Bedrock超入門』(秀和システム)
『Next.js超入門』(秀和システム)
『Google Vertex AIによるアプリケーション開発』(ラトルズ)
『プログラミング知識ゼロでもわかるプロンプトエンジニアリング入門』(秀和システム)
『Azure OpenAIプログラミング入門』(マイナビ出版)
『Python Django 4 超入門』(秀和システム)
『Python/JavaScriptによるOpen AIプログラミング』(ラトルズ)

著書一覧：

https://www.amazon.co.jp/-/e/B004L5AED8/

ご意見・ご感想：

syoda@tuyano.com

STAFF

カバーイラスト ：玉利 樹貴
ブックデザイン ：三宮 暁子（Highcolor）
DTP　　　　　：AP_Planning
担当　　　　　：伊佐 知子

ChatGPTで身につけるPython
AIと、目指せプロ級！

2024年 5月22日　初版第1刷発行

著者　　　　掌田 津耶乃
発行者　　　角竹 輝紀
発行所　　　株式会社マイナビ出版
　　　　　　〒101-0003　東京都千代田区一ツ橋2-6-3　一ツ橋ビル 2F
　　　　　　TEL：0480-38-6872（注文専用ダイヤル）
　　　　　　TEL：03-3556-2731（販売）
　　　　　　TEL：03-3556-2736（編集）
　　　　　　E-Mail：pc-books@mynavi.jp
　　　　　　URL：https://book.mynavi.jp
印刷・製本　シナノ印刷株式会社